# 曲周历史名人
# 家风家训

中共曲周县纪委
曲周县监察委员会 编

中国文史出版社

# 编纂委员会

# 序　言

党的十八大以来，以习近平同志为核心的党中央，开启了全面从严治党的新征程。党的十九大又把全面从严治党作为新时代坚持和发展中国特色社会主义的基本方略之一，强调全面从严治党永远在路上。习近平总书记指出，"每一位领导干部都要把家风建设摆在重要位置，廉洁修身、廉洁齐家"，这表明深入发掘家风家规中的廉洁文化因素，对弘扬廉洁文化、推动全面从严治党有着十分重要的作用。家风凝聚着治国理政的核心价值。家风淳则天下定，家风正则国运兴。家风承载着中华民族精神内涵，传承着中华民族优秀传统文化。弘扬廉洁家风有助于进一步培育廉洁修身、廉洁齐家、廉洁从政的深厚土壤，引导全社会形成廉荣贪耻的价值取向。党员干部要以习近平新时代中国特色社会主义思想为统领，深入学习贯彻党的十九大精神，树牢"四个意识"，践行"两个维护"，以身作则，身体力行，加强家风建设，塑造良好家风。

曲周是一个历史悠久、人文厚重的千年古县，历代名人辈出。尤其是北宋末年的吏部侍郎、抗金英雄李若水被誉为"南朝一人"，彪炳史册。明清时期，曲周科举鼎盛，出现了"一朝四尚书""一门九进士"的佳话。这些先贤及其家族都对家风做了良好的传承，建有家庙祠堂，刊刻修订家谱，制定家规、家训，诉诸于文字，流传后世，至今仍脍炙人口，为人乐道。毫无疑问，这些都是珍贵的文化遗产，是曲周文化的优秀组成部分。

家风家训是以家庭为范围的道德教育形式，也是中华道德文化传承的一种方式。纵观曲周历史名人的家训家规，主题内容大都强调忠国家、尊祖宗、孝父母、和兄弟、严夫妇、训子弟、睦宗族、厚邻里、勉读书、崇勤俭、尚廉洁；以家庭伦理为主体，以勤俭持家为根本，重视齐家善邻和修身成德。既是官员治家修德的重要资源，也是以儒家为代表的社会主流价值实现大众化、深入社会基层的重要渠道。

良好家风涵养廉政文化。中共曲周县委、县纪委特别重视当地家规家训的传承与创新，2017 年春开始动议编纂此书，搜集历史上有影响的曲周历史人物或家族的家规家训，讲述人物故事、家族经历、家规家训以及对后世的传承影响。

本书选取 18 个家规家训汇编而成，立足弘扬曲周历史文化、廉政文化，注重思想性、知识性、文化性，讲述家风故事，培育家国情怀，树立良好家风。我相信，该书一定会在追溯曲周历史名人的爱国精神、传承中华民族的优秀文脉、坚定文化自信、促进社会和谐、营造风清气正的政治生态上发挥重要作用。

李 凡

2018 年 12 月

# 目　录

# 李若水

李氏清白传史远
先贤忠烈照千秋

李若水（1093—1127），字清卿，一字清臣，原名若冰，宋洺州曲周（今河北曲周县）人。若水之名系钦宗帝所改。靖康元年（1126）秋，他奉命出使河东太原府粘罕军前时，上殿面对，钦宗帝嫌"若冰"这个名字与"弱兵"谐音，就特别赐给他"若水"的名字。因此李若水也就成为垂于竹帛、为后人所熟知的名字。

## 家训厚重有渊源

李若水出于赵郡李氏东祖房。溯源追根，赵郡李氏是约两千三百年前，由李耳后裔李玑在今邢台隆尧开辟这一李姓最早的大士族，到其第二十二世孙李睿设立赵郡李氏东祖房，创造了（李玑—李璋）连续三十六代，代代为宦、世世显荣的奇迹，并产生李峤、李绛、李珏三位宰相，还培育出无数名谋略家、军事家、文学家、艺术家，他们为当时社会的发展进步做出了巨大的贡献。据《资治通鉴》所载："时赵郡诸李，人物尤多，各盛家风，故世之言高华者，以五姓为首"。据《北

《西辋李氏家谱》中的李若水画像

史·列传》记载，东祖房较大，人口兴旺，儒学传家，列传者达六十九人。

赵郡李氏之所以能人才辈出，官宦相传，与其家族历来注重家风、家规的塑造和儒教家风的传承关系密切。

赵郡李氏家规由祖训二十条、家风六条、家规二十条、族戒六条等构成，基本形成家族内部的管理制度。其中"祖训"是历代先贤对后代教诲的精华；"家风"是历代族人一致认同的精神追求；"家规"是侧重于家族成员的行为规范，是家族事务的具体管理办法。其核心思想是"忠义""孝廉""正气""乐善"和"担当"，训导家族成员孝顺重亲、忠于国家、团结和睦、明德修身、禁绝非为，塑造"忠孝仁义"的道德风范，形成良好家风，传承培育后代。

赵郡李氏东祖房的家训家规有着详尽的内容和具体的措施。我们来展阅一下具体的内容：

## 祖　　训

明明我祖，汉史流芳。教子及孙，悉本义方。

仰绎斯旨，更加推详。曰诸裔孙，听我训章：

读书为重，次即农桑。取之有道，工贾何妨。

克勤克俭，毋怠毋荒。孝友睦姻，六行皆臧。

礼义廉耻，四维毕张。处于家也，可表可坊。

仕于朝也，为忠为良。神则佑汝，汝福绵长。

倘背祖训，暴弃疏狂。轻违礼法，乖舛伦常。

诒羞宗祖，得罪彼苍。神则殃汝，汝必不昌。

最可憎者，分类相戕。不念同忾，偏伦异乡。

手足干戈，我民忧伤。期我族姓，诜诜雁行。

通以血脉，泯厥界疆。汝归和睦，神亦安康。

引而亲之，岁岁登堂。同底于善，勉哉勿忘。

为普及而被浓缩为：

显祖扬宗，修身养德。敦本睦族，齐家保国。

# 家　风

崇尚祭祀文化，定期祭祖，续修家谱，提炼家规；

鼓励奋发读书，通读经典，学识兼茂，情操高尚；

坚守赤胆忠义，襟怀坦夷，嫉恶如仇，敢于直谏；

殚竭匡扶之心，运筹帷幄，忧国忧民，安邦治国；

秉承体察民情，一身正气，超脱世俗，忠孝双全；

保持事亲孝道，注重医道，乐善好施，家庭和睦。

## 家规及具体要求

### 一、敬祖宗

物本乎天，人本乎祖。子孙之身，祖宗之所遗也。犹木有根，无根则枯，如水有源，无源则涸。子孙永世得享，承国乐利之泽，祖宗积庆之所致也。不敬祖宗则忘本，忘本则枝叶不昌。故岁时祭祀，晨昏香火，必敬必恭，无厌无慢。至于立身修德，无忝所生，此尤敬祖宗之大本大原。凡我族人必敬之。

### 二、敦孝悌

父母双亲，吾身之本。父母之恩，天高地厚，恩情罔极人伦。十月怀胎，三朝乳哺，推干就湿，保抱抚摩，忧疾病，闻饥饱，调寒暑，父母受尽万苦千辛，方得子女成人长大。为子女者即幸遇父母有寿，急急孝养，难报天恩。人生时日限也，万一错过，殁后即披麻戴孝、三牲五鼎，竟亦何裨？且孝则天佑，不孝则天谴，吲敢拂违，自罹罪咎。凡我族人，切不可失养失敬，以乖天伦。凡我族人必孝之。

### 三、睦宗族

本宗族者，千支同本，万脉同源，始出一祖。故《尧典》曰亲睦九族，周室则大封同姓，宗亲之谊，由来重矣。今世俗薄淡间，有挟富贵而厌贫贱、恃强众而凌寡弱者，独不思富贵强众，是不敬宗祖，则近于禽兽。观于此，而利与害共，休戚相关，一体同视可也。倘有博众以暴寡，藉智以欺愚者，当睦宗族为念。凡我族人必戒之。

## 四、端伦常

尊卑有别，长幼有叙，乃定于天人，忤长上乃乱天伦也。须坐则让席，行则让路，口勿乱宣，事不乱专。智不敢先，富不敢加。谦恭逊顺，绝去骄傲放肆之态，方是为伦常之理。先贤云：幼而不事长，贱而不事贵，不肖而不事贤，谓之三不祥。子弟者不肯安分循理，任情倨傲。行不让路，坐不让席，揖不低头，言不逊顺，曾不思尔将来也。做人尊长，尔做窳劣示人，亦将忤尔忤人，实所以自忤。凡我族人必端之。

## 五、友昆仲

兄弟姊妹，吾身之依，生则同胞，居则同巢，如手如足，同气连枝。父母左提右携，前襟后裾，缩食传衣，亲爱无间，且一本所生，同胞共乳，除却兄弟姊妹，更有谁亲？且从父母分形而来，子女之身来自父母，若兄弟姊妹相戕，是戕父母，是伤残手足，难为人矣。念及父母，安忍戕兄弟姊妹乎？勿听他人离间撺掇。兄弟姊妹中纵有不是，大家逊让些何妨？切不可争产争财，以伤骨肉。若锱铢计较多寡，彼此相戕，则父母之心不安，死亦不能瞑目。《诗》云：兄弟既翕，和乐且耽。凡我族人必友之。

## 六、和夫妇

夫妇为人伦之始。夫和其妇，妇敬其夫。夫以修身齐家事为本，妇以人伦道德情操为重，同事耕耘理家创业，夫妇协同，修身、齐家、治国、平天下，休戚与共，百年好合，白头偕老，同建和谐家庭，万事兴矣。和睦相处，正我人伦，纲常伦纪，人生所当，存于方寸之中，各得其次。凡我族人必和之。

## 七、教子女

家之盛衰，不在田地多寡、帛金有无，且看子孙何如耳。然人未有生而皆能贤者也，当其幼时不可失教。禁其骄奢，戒其淫逸。出外亲正人，闻正言，则心胸日开，聪明日启。久之义理明白，世务通晓，自能担事，振家声，光大门楣。人非同类，切不可令子弟往来。家有一贤子孙，教便当责训。至若女子，亦尚且当教他亲兄弟，务教以节孝廉耻。为女者，兼悉三从四德、纺绩针指、厨爨井臼，则长大适人，必成贤妇。如或不教，则儿女不才，有辱门庭。凡我族人必教之。

## 八、勉诵读

崇师道，习圣贤之书，明君臣父子之大伦、忠孝仁义之大节。必须延贤师，访益友，涵育熏陶，终归有成。贤者为人之师，其学有所传，礼有所学。为人子弟者，当体父兄之心，交相劝勉，勿恃聪明，勿安愚昧，勿沽名而钓誉，勿勤始而怠终，随其性之敏钝，以为读书多寡总要细心体认，着意研习，刻刻不忘于久之，隅坐向难析疑。勿生厌薄，勿可荒嬉，耳提面命敬而听之，自有融会贯通处，亦得以所学训子弟、开愚蒙，诵读之益大矣。我族子弟必勉之。

## 九、交善友

志同者为友，道合者为朋。交游以信为先，信者相通；病难相扶，守望相助。既诺勿欺，订交勿苟。然宜谨慎，择善而握。与善者交如入馥香之室久而自香，直谅多闻，尤宜亲厚。善乎平仲，相敬耐久。凡我族人必善之。

## 十、慎嫁娶

男婚女嫁，人伦之始，联婚不可不慎。男大当婚，女大当嫁，古之常情。执德为首，男女婚姻，当审其人品性格，究其清浊明白；不能包办代替。嫁女择佳婿，娶媳求贤女。嫁女勿计厚奁，勿取重聘，勿贻误族女。时下婚嫁，多徇财俗见，或厚赀以耀聘，或竭财以侈妆名。为争门面，则败家产而为。昔者有云：婚姻几见闻丽华，金佩银饰众口夸。转眼经年人事变，妆奁卖与别人家。则女之适人，必戒而行；娶妇事翁姑，经事理，执妇道。凡我族人必慎之。

## 十一、安生理

士农工商者，然视其天赋择业，士者实去读书，农者实去耕耨，工者实去造作，商者实去经营。若生而愚鲁，不适读书，家道贫寒，无田可种，又无本钱做买卖，又不会做手艺，便与人佣工，替人苦力，也是生活。只要勤心鬻力，安分守己，此中稳稳当当，便有无限受用。至若妇女，亦要勤纺绩，务针指，操井臼，协同丈夫，共成家业，方是贤妇。凡我族人必安之。

## 十二、省自身

遵圣训，洁身自律，日当三省，常思己过，莫论他人是非，切不得自甘自戕，辱没家族声望，保其永世清白。修身、齐家、治国、平天下，乃人生要义。则家风正耶。享用斯人，永利后世。凡我族人必省之。

## 十三、尚勤俭

俭可助贫，勤能补拙。勤俭者，起家之本，传家之宝，立业之基，人生当务也。勤而不俭，则财流于奢，俭而不勤，则财终于困。人世间，见名门世族，以祖考勤俭为成立之本、下代之福，因子孙奢侈而败家之业。盖俭则富贵长保，家计不难振兴。倘男不务耕作，女不事内，好逸恶劳，鲜衣美食，一旦娇惰，习惯俯仰无资，将祖资财一败而空，拖衣漏食。节俭者，治家之要义也。饮食莫嫌蔬食，衣服莫嫌布素，房屋莫嫌湫隘，婚娶莫竞妆奁，死丧莫竞斋醮。晏客伏腊有时，不可常时群饮，设席数肴成礼，不必杯盘狼藉，多一事不如省一事，费一文不如节一文。当务勤俭。凡我族众必勤之。

## 十四、守清廉

日常生活，恪守德操。做到志节坚贞，不苟俗流。仕人坚守清廉，抱定"致君泽民，吾儒分内事""循分尽职"之信念。置业毋容以勒揩，人过不可以显扬，用财须审乎义理。凡我族众必廉之。

## 十五、恤孤寡

鳏寡孤独，天下最苦，无告之人也。无家产者，朝不能保暮，饥不能谋食，寒不能谋衣；有家产者，鳏寡不能自行，孤儿幼弱不能自主，凡百家事，皆听于人。我族有此种种苦愁，谁诉？亲房伯叔族众当秉公代为经事，阖族尊长俱宜加意怜悯，竭力扶持，庶穷于天下者不致颠连失所、仃伶无靠矣。凡我族人必恤之。

## 十六、殷祭祀

祖宗往矣，所持以有子孙者，以其有时食之荐，拜祭之勤耳。况岁时伏腊，尚与家人为欢，而春露秋霜，竟忘水源木本之报？祖宗亦安，赖有此后人耶。宗庙烟北邙祭扫，其慎勿忽。常殷祭祀，礼重报本，昭穆常情，慎终追远之大事也。丧尽其礼，祭尽其诚。坟茔，先祖之所栖，尽其祭扫，修其坟茔，所以妥化者也。父母在生之时，尽力供养，逝后要从俭治丧，勿须无财大操大办。丧事从简，也不能俭而不顺民情。当慎谨治丧执事。凡我族人必殷之。

## 十七、戒唆讼

人之好讼，虽其人之无良，总起于无赖者之教唆。然无赖之徒，专以人之告状为酒肉之窟，为张威趁钱之门。故或两人本无甚怨，装出剖腹之情，而构成大嫌。本人尚可含容，捏作骑虎之势，而使之先发插名作证，便作主盟。两家索贿，反复颠倒，弄讼者于掌股之上，搅得邻里撩乱，鸡犬不安。渔讼者之财，破讼者之家。即讼者事后懊悔，亦摆他不去。若而人者，国法之所不容。即逃得国法，亦皇天之所必诛者也。凡我族人必戒之。

十八、勿非为

非为者，或包揽金帛，侵欺花费，终者竟要卖产赔补不足，殃及子孙，甚而危及性命。或摊场赌博，或群聚酣饮，倾败家业，因而陷死妻儿老小。或掇拐掏摸，或抢夺吓骗，或争斗撒泼，或毁廓侵坟，或占人田地，或伪造货币，或横行乡里，或挟制政府，或嘱托赞剌，或轻信异教，此皆亡身破家之举，受祸不浅。务宜告诚子弟，切不可放辟邪侈。凡我族人必禁之。

十九、坚志节

志节贵乎坚贞也。人无论读书与否，皆以志节定人品，苟守之不定，势将纵其情欲，任意所为，机械变诈，利己损人，不堪述矣。即富贵胜人学问，足美奚足重耶，善相士者，原在人之志行上定评，不徒狥俗也，士先器识而后文艺，学者当三复斯言。凡我族人必坚之。

二十、厚志行

志行不可刻薄也。祭先必致其丰浩，置业毋容以勒指人过，不可以显扬。用财须审乎义理，厚有厚报，若一味刻薄，必至损人，重则绝后裔，轻则生败子，可不畏哉。凡我族人必厚之。

## 族　　诫

诫不孝不友；诫挖卖祖坟；诫为匪乱伦；

诫倡优隶卒；诫欺祖霸田；诫酗酒打架。

伴随着李氏家族几千年的发展历史，上述关于家训家规的论述，同样也经受了上千年的风雨洗礼，赋予了深刻的社会意义和独到的忠孝传家、忠义育人的文化意义，传承着一个家族的精神，寄托着对国家、对祖先、对未来、对家乡、对人生炽热的情感，是这个家族"核心价值取向"的充分体现。既强调了修齐治平的统一，又对工作、学习及家庭生活行为做出了积极向上的规范，仍不失为一笔宝贵的李氏文化遗产，特别是伦理文化遗产。

赵郡李氏之所以能人才辈出，世代相传，我们从出身赵郡李氏的众多名士身上找到了极其深刻的原因，就是在于家风家学的营造和传承。

【敬祖】

他们历代重视家祭文化、家谱纂修、家规提炼、家长传教；

【重学】

他们从小都是奋发读书，通读经典，学识兼茂，情操高尚；

【修性】

他们历来都有忠诚之心，襟怀坦夷，嫉恶如仇，敢于直谏；

【忠义】

他们一贯都具匡扶之劳，运筹帷幄，忧国忧民，安邦治国；

【正气】

他们普遍都能体察民情，一身正气，超脱世俗，忠孝两全；

【乐善】

他们大多能为事亲孝道，注重医道，乐善好施，家庭和睦。

这些可以说是赵郡李氏这一华夏高门的家规门风所孕育的家族文化。唐代以前，赵郡李氏在本乡本土享有美誉。中唐时期，赵郡李氏仍居郡望之首列的五姓七家之一，至两宋及元、明、清时期，赵郡李氏也是人才辈出。

可以想象，李若水从小受这种优秀家训家规的熏陶，最终能为国捐躯，有"南朝一人"的美名，应该是顺理成章的。

## 家族渊源出名门

李若水远祖可追溯到战国时期秦国太傅李玑和赵国名将李牧，唐代可追溯到贤相李绛，都是著名的历史人物。

16

大约五代时期，中原战乱，李若水的高祖李沇定居曲周，以家事清白著称。清白始终是李若水家族的家风也是家训，垂留永久，对后世影响深刻，传承至今。

曲周李氏从李若水的曾祖开始，到李若水的父亲，三代人都是州县衙门里录事参军、主簿一类的文

《宋史》李若水传书影

官，所谓"世业儒，仕州县，著清白声"，意思是李氏家族数世以来都是以儒学为业，在州县出仕为官，具有清白的家声。这是李若水家族的家规、家训、家风最真实的写照。

据考证，李若水的曾祖名李宏，官莫州录事参军，赠太子太傅。

祖父名李庠，官郑州管城县主簿，赠太子太傅。

父亲名李恂，官开德府议曹掾，赠少傅。

李若水家族是北宋时洺州曲周的一个相对出名的大家族，其家族成员在州县为官，非位高爵显，家业并不丰裕，过着耕读传家的生活。

从史志典籍的记载来看，李若水的父亲李恂和母亲张氏并

相传吏部侍郎李若水用的掷石

没有显赫的权位及万贯家财，但都为人正直而有个性，自身文化素养很高，敢作敢为，具有河北人士的特点。

李若水兄弟六个，长兄李若谷，曾官至参知政事（即副宰相）；次兄李若虚，官至户部员外郎和司农卿；李若水本人行三，官至吏部侍郎；四弟李若道（不详）；五弟李若朴，官至大理寺丞；六弟李若川，任江南东路转运判官。李家兄弟文化水平都很高，李若谷、李若水是进士，李若水还在当时广有文名，二哥李若虚和六弟李若川也都是饱学之士。

李若水妻子为赠硕人刘氏、赠硕人赵氏。

李若水有三个儿子，其中长子李浩少亡，次子李淳、三子李浚。四个孙子为李楷、李礼、李橝、李相。根据《毗陵辋川李氏家谱》所载，前文所说的常州和江阴地区的李氏就是李浚的直系后代。

18

# 早年仕宦露峥嵘

人们常说家庭环境造就人，父母是人生的启蒙老师。家训的教化，家学的熏陶，使李若水的学问和人品都很优秀。他"自幼苦学"，成绩优异，人生开局基本顺遂。

政和四年（1114）左右，李若水离开家乡曲周入东京太学求学。政和八年（1118），其二十六岁时，"敕赐同上舍出身"，成为一名进士，开始出仕为官。

李若水考中进士的当年，被授予北京大名府（今河北邯郸大名县）元城县县尉之职。李若水任元城县县尉直到"宣和壬寅"，也就是宣和四年（1122）。在任期内恪尽职守、敢于直言，也敢于任事。后世几个版本的《元城县志》都把李若水列入"名宦"。

北宋到了宋徽宗宣和年间，王朝的各种弊政积压到了爆发期，南方的方腊在宣和二年（1120）冬起兵举事，北方的河北、山东等地也差不多在同时段盗贼蜂起，《水浒传》主人公原型"淮南盗"宋江就是其中之一。到宣和三年（1121）左右，河北相州（今河南安阳市）、大名府一带也出现了一伙"巨寇"，头领名叫杨江，到宣和四年官府还没平定，就想借鉴前一年张叔夜招安宋江的成功经验，也对杨江进行招安。李若水对此持不同看法，与同事及上司争论无果后，愤愤不平写了一首长诗。

## 捕盗偶成

去年宋江起山东，白昼横戈犯城郭。

杀人纷纷翦草如，九重闻之惨不乐。

大书黄纸飞敕来，三十六人同拜爵。

狞卒肥骖意气骄，士女骈观犹骇愕。

今年杨江起河北，战阵规绳视前作。

嗷嗷赤子阴有言，又愿官家早招却。

我闻官职要与贤，辄啗此曹无乃错。

招降况亦非上策，政诱潜凶嗣为虐。

不如下诏省科繇，彼自归来守条约。

小臣无路扪高天，安得狂词裨庙略。


此后不久，李若水在捕盗平乱中立下了功劳——"捕护功"，从而受到褒奖，接着又因朝廷赏功转了两官，阶官升到从八品宣教郎，升任平阳府司录。平阳府司录的官阶虽然不高，但是由"选人"晋身为"京官"，李若水的仕途开始变得通达，步入快车道。


## 试学官名列第一

宣和六年（1124）春，李若水"试学官，有司爱其文典雅近古，擢为第一，除济南府府学教授。先是，左司员外郎高景云尝见其诗，奇之，遂立荐于朝，除太学博士"。意思是，

20

李若水这一次参加学官的选拔考试，上级主考喜欢他所作的文章典雅古朴，提升为第一名，任命为济南府学教授。在此以前，左司员外郎高景云曾经见到过李若水所作之诗，甚为欣赏，就把李若水推荐给朝廷，李若水被任命为太学博士。

李若水在京城开封府担任太学博士时期，"时文格凋敝，独以古文倡之，从者甚众"，意思是当时北宋末年，文坛的风气毫无声色，格调低沉，而李若水提倡古朴的文风，并诉诸实践，向他学习的人特别多。

## 进言执政忧国事

蔡京晚年再次恢复了宰相的职位，其儿子蔡攸主持政务，大权独揽，同为宰相的李邦彦内心很是不平，准备告病辞职而去。李若水对他进言说："大臣用治理国家的本事来报效君主，达不到目的才可罢休，为什么不让皇帝裁决，使得去留的意思，公诸天下呢？怎么可以默默无言地托病辞职，使天下人嘲笑阁下您身居宰辅之位而无所作为呢？"又说："国家积弊很长时间了，导致治理起来非常困难。即使裁减各种建设项目也依然不足；减免徭役杂税但是人民生活依然困顿；抑制权贵却使他们更加骄横；官场贪赃枉法而吏治腐败。现在正是需要设置馆驿、求贤纳士的时候，要采取他们的长处远见来建立治理天下的功勋。"凡此有十多项政见建议，都很切中时弊。

宋徽宗宣和七年（1125）冬，金军正式发兵南侵，分东、西两路南下。宋徽宗禅位给太子赵桓，太子尊徽宗为道君太上皇帝，住在太乙宫内，专奉道教。以第二年为靖康元年。靖康元年（1126）正月初七金军东路军包围了东京城。都城之中顿时人心惶惶，风浪迭起，自此而后再不复太平富贵气象。

金兵围城后，宋廷一度任命李纲主持防务，但随即又因姚平仲劫寨失败，将李纲等罢免，从而激发了东京太学生和市民的大规模抗议请愿。李若水对此给予了大力的支持。

## 劾高俅坚持正义

此后不久，原朝中重臣、开府仪同三司（官名）高俅死了。高俅是个有争议的人物，是太上皇宋徽宗在位时候的宠臣，他对于北宋末年的政治、军事等方面的乱象负有很大的责任。但是高俅身为重臣，并未被褫夺职务，也未被追责，在这种状况下，依照过去的惯例，皇帝应当"挂服"（改变服饰）表示哀悼，但是高俅是一个臭名昭著的奸臣，祸国殃民，此举行之与否，有着很大的争议。李若水认为此举不妥，向皇帝上疏道："高俅靠太上皇的宠幸而窃据了很高的官位，却一再地败坏国家的军事和政务，以致金兵长驱直入来侵犯我们国家，他与童贯等是一样的罪大恶极。他现在死了，能够得到一个全尸，已经足够的幸运了，还应该追削他的官职爵位，抛尸示众。但是有的衙门却拘泥于过去的习惯成例，要给予高俅这样的繁文缛礼，实在不能够平息大家的议论，就更不妥了。"数次上奏，最终朝廷停止了为高俅"挂服"的行为。

## 驳不当为高俅举挂札子

臣承本寺告报开府仪同三司简国公高俅卒，皇帝合挂服举哀，轮当臣赞导。臣谨按俅以厮倄之才，事上皇于潜邸，夤缘遭遇，超躐显位，巧佞贪恩，讫无补报，属者金人渝盟，逼侵近境，所以不即奏功，正坐军政刓敝，士不贾勇。俅久握兵柄，实与童贯分内外之寄，厥罪惟均，贯已远窜，天下称快，而俅未就典刑，遽以讣闻，佥论谓当追褫官秩，示不终赦。而有司守常，乃复以缛礼加之，甚非所宜也。夫圣人之制礼，本以饰情，今俅之死，中外交贺。人君以天下之情为情，其不戚然决矣。无此情徒为此仪，非圣人制礼本意也。若谓官职隆重，法应如此，自当贬黜，以为奸防之戒，若谓拥护上皇有劳，则蔡攸等与俅一体，何独挠法于俅，况兹盛典，非大功德不称，而忍以俅秽辱哉。臣备员太常，实当议礼之职，窃有管见，不敢不言。

## 再论高俅札子

臣尝具札子，论列高俅，不当屈万乘之尊，行举挂之礼，虽未蒙施行，然稍缓择日之期，岂愚者一得，偶契朝廷之意，见在拟议间邪。虽然臣区区所言，不为举挂设，实欲大正典刑，尽褫官爵，永为老猾巨恶之戒。盖不褫官爵，则举挂之礼不当削，不削举挂之礼，则赠官之典、议谥之法、恤亡之赙、送葬之仪，皆当踵行之。某既言其端，势有不可不尽言者。谨按俅以市井之流，尝充胥史之役，论其人则甚贱也。恃愚矜暴，数被杖责，考其素则甚凶也。事上皇三十年，朝夕左右，略无禅益，其事上则阿佞也。席宠饕荣，峻跻显官，子孙弟侄，或尘政府，或玷从班，儿童被朱紫，媵妾享封号，膳奴厮卒，名杂仕流，其蒙恩则侥冒也。窃持兵柄，岁月滋久，抚恤无恩，训练无法，占役上军，修筑第宅，或借权贵以缔私欢，军政不饬，若颓垣然，金人所以长驱郊甸者，盖度吾无以待之。虽三尺之童，皆知童贯、高俅隳坏军政之过也。贯已窜矣，而俅可赦乎？按情定罪，当示鞭尸之辱，而反加之茂渥，大沸舆论，或者谓俅整兵南迈，拥护上皇有劳，此固俅之巧黠，曲为补过之计。然上皇巡幸，实俅等致之，罪拟邱山，功微毫发，岂足相偿。传曰，天网恢恢，疏而不失。此而赦之，恐不足以惩误国之奸也。臣窃怪朱勔、孟昌龄父子昆弟皆已斥逐，而俅之全家叨逾宠赫，不在朱孟下，岂台谏偶未及之邪，抑有力者为之地邪？中外汹汹，莫知其故，臣适因赞导之职，妄伸弹驳之词，尚虑前日所陈，简略未尽，不足以回朝廷之听，遂疏本末而备论之。伏望博采师言，申明邦宪，追夺品秩，聊警已沉之魄，如此则不唯寝举挂之礼，而赠官之典、议谥之法、恤亡之赙、送葬之仪，皆可得而罢

24

矣。臣以职事所牵，辄忘固陋，不识樵刍末议，可补庙堂之万一乎。

## 荐名于朝改若水

过了几个月，李若水再任太学博士。然而当年八月，宋军两次入援太原府都以大败告终，钦宗不得已准备向粘罕军前派遣使节，讨论以租赋赎回三镇（即太原府、中山府、河间府）之事，遂令大臣举荐使节人选。李若水在这次提名推举中"两预其荐"，于是奉诏上殿面对，钦宗赵桓为其改名"若水"，升迁为著作佐郎（官职名），借秘书少监（官职名），使于金国山西军前。从而由一名仕途坎坷默默无闻的学官，站到了历史舞台的聚光灯前。

## 出使金营据理争

靖康年间的金军在宋人眼中无异于食人猛兽，而宋钦宗要李若水去交涉的事项，又是请求变更前约，将之前议定的割让三镇给金国，改为以三镇每年所纳租赋为赎金，换得三镇土地仍属宋朝，这种谈判不易达成。此时的河东、河北两路又是兵火之余，途中有不可预测的凶险，稍有不慎，可能就是有去无回。

李若水并未计较，受命之后慨然上道。与他一同出使的副使王履，也是个有才气有胆色的忠直之士。李若水在途中写给王履两首七律：

其一：

平生忠义定何人，数月相从笑语真。

未信功名孤壮志，不妨诗酒寄闲身。

此来饱看千崖秀，归去宁知两鬓新。

就使牧羊吾不恨，汉旄零落雪花春。

其二：

旧持汉节愧前人，闻许传来苦不真。

五鼓促回千里梦，一官妨尽百年身。

关山吐月程程远，诗景含秋句句新。

孤馆可能忘客恨，脱巾聊进一杯春。

诗作娴熟端严又不乏秀致，也证实了李若水遍布京师的文名不是虚的。

李若水一行出使的路径是，九月一日由东京开封出发，先北渡黄河，半途过真定府时还顺路见了东路军主帅、金国二太子斡离不，而后经河北西路过井陉于十五日到达太原府榆次的粘罕军前。

交涉之时，粘罕坚持要求宋廷割让三镇，不肯改为以每年租赋赎回，而李若水、王履则反复与之辩难。论辩中李若水直

26

言不讳，堂堂正论，王履则机锋四出，滴水不漏，又常能找到打动粘罕个人情绪的话头，最后还引得粘罕和两人话了一阵家长里短。虽然李、王两人的坚持并没能让粘罕松口，但是粘罕不得不佩服，"此番使、副煞忠梗聪明"的赞语，也算是不辱使命了。

出使完毕后的回程之际，李若水一行尽力避开金军兵锋，于十九日由太原并经徐沟和太古之后穿过太行山从河北回到东京开封，足足花了一个月又十一天，由此可见途中的艰难。早在李若水出发的时候，就上奏朝廷，说议和必然不会顺利，应该加强兵备，做好防卫，但朝廷却不以为意。

李若水回到东京城后，所做的第一件事情，并不是叫苦表功，而是上书请求宋钦宗发兵救河东河北。

## 使还上殿札子

臣自深入金人乱兵中，转侧千余里，回至关南。凡历府者二，历军者二，历县者七，历镇寨四，并无本朝人马，但见金人列营数十，官舍民庐悉皆焚毁，瓶罂牖户之类无一全者。唯井陉、百井、寿阳、榆次、徐沟、太谷等处，仅有名存，然已番汉杂处。祗应公皂皆曰：力不能支。胁令拜降男女老幼，例被陵铄，日甚一日。残穷苦状，若幽阴间人。每见臣，知来议和，口虽不言，意实赴愬，往往以手加额，吁嗟哽塞，至于流涕。又于山下见有逃避之人，连绵不绝。闻各集散亡兵卒，立寨栅以自卫，持弓刀以捍贼，金人数遣人多方招诱，必被剿杀，可见仗节死义，力拒腥膻之意。臣窃惟河东、河北两路，涵浸祖宗德泽，垂二百年。昨因蔡京用事，新政流毒，民不聊生；继而童贯开边，燕云首祸，搜膏血以事空虚，丁壮疲于调发，产业荡于诛求，道路号呼，血诉无所，涂炭郁结，谁其救之！陛下嗣位之初，力行仁政，独此两路，边事未已。今戎马凭陵，肆行攻陷，百姓何知，势必胁从。而在邑之民，无逡巡向贼之意；处山之众，有激昂死难之心，可谓不负朝廷矣。哀斯民之无辜，服斯民之有义，愧起颜面，痛在肺肝。望深轸圣衷哀痛之诏，慰民于既往决择之计，拯民于将来，上答天心，下厌元元之望。

## 再使金营被裹挟

李若水回到东京没多久，粘罕的大军就攻破泽州（今山西晋城市），经天井关南下太行，兵指河阳，准备过黄河了。同时斡离不的东路军也挥军南下，渡河只在旦夕间。于是李若水上书十一天之后，就再次被宋廷诏命出使，而使命却与刚刚结束的那次截然相反：请割三镇求和。

靖康元年的北宋朝廷，政令反复无常，自相矛盾，中枢大政方针变来变去，仿佛儿戏，根本就不顾两河军民犹在"为国家守"就急匆匆割三镇赂敌，时而召集勤王军，时而又下令遣散；时而想保有三镇，时而又想割地求和；时而想放弃首都，时而又决定死守，可是又不肯积极筹措防务……

朝廷任命李若水为徽猷阁学士，以冯澥（xiè）为副使，再次出使金国谈判。一行人刚刚走到中牟（今河南省中牟县），守卫黄河河防的官兵非常吃惊，以为是金兵已经到来了，风声鹤唳，乱作一团。李若水的侍从左右都私下商议想偷偷逃跑而去，冯澥问李若水说："何如（怎么办）？"李若水回答说："士兵是因为害怕敌人的威势而溃乱逃跑，我们怎么能够跟他们一样呢？现在正是誓死报效国家的时候。"遂下令谁要敢说撤退必斩杀，随从人员的情绪才安定了下来。

二十一日前后，李若水、冯澥等到达粘罕军前，然而这个时候粘罕哪里还有耐心和宋使聒噪周旋，当即将宋使扣押军中，一起向东京进发。闰十一月三日，粘罕率军到达东京城下，胜券在握，把李若水等宋朝使节拘禁在冲虚观中，直到二十五日东京城被攻破，才将宋使放回城中，以便继续与宋廷议论讲和之事。

李若水回到东京城中后，手足无措的宋钦宗几乎把他当作了救命稻草，一见面就失声而惊曰："卿元来也！大事如何？"并在李若水面对后命其"留宿殿中"。

之后宋钦宗根据金人的要求，派宰相何㮚（lì）出城见粘罕、斡离不商量和议之事。何㮚畏惧不行，李若水气愤之下，当场大骂何㮚："致国家如此，皆尔辈误事！今社稷倾危，尔辈万死何足塞责！"才使何㮚勉强成行。何㮚回来后，传达金帅的意思："金帅想与太上皇见面。"皇帝说："朕当往。"第

29

二天，钦宗皇帝亲自到金营，签订合约然后回来。危机暂时得到平复。皇帝想提升李若水为礼部尚书，李若水坚决不肯，坚持逊谢。钦宗帝说："学士与尚书同班，何必推辞呢！"因屡次婉拒，皇帝不得已，才改任李若水为吏部侍郎。深觉虎狼环伺的宋钦宗，是把这位忠勇臣子当作真正可倚靠可信赖的人了。

# 壮烈殉国照千秋

靖康二年（1127）正月，金人又一次兵临北宋首都开封城下，再次"邀请"北宋的皇帝出郊与金国的统帅会面，钦宗皇帝特别作难。在挑选随从人员时，主和派怕担风险，一个个都不敢应声，缩了回去；吏部侍郎李若水一向言少行谨，从来不乱惹是非，且办事干练，同时他曾随钦宗出使金营，和金人打过交道，自然仍是他扈从钦宗前往。李若水以为曾出使过金营，没有什么可担心的，也就扈从皇帝来到金营。当他们一行来至南薰门外青城金营大帐时，金人发动事变，没有再放过钦宗皇帝，不但没让他回东京城，还在二月初六正式宣布废除钦宗帝位，逼迫他更换掉皇帝的服饰。李若水挺身护住，抱住钦宗皇帝大哭，对金人破口大骂："尔曹狗彘（zhì，豕也，即猪）之不若也！远陋之夷，敢废中国圣明天子乎！吾当以死争之。苟不从吾言，则人神共怒。臭胡安能长久，俱为万段矣。"金人自然大怒，"以马鞭击公口、面流血，反缚置之空舍中"。金人把他从营帐里曳了出来，打破了他的脸，李若水倒地晕倒

30

过去，围攻他的人都散了，只留下几十个骑兵看守。粘罕下令说："一定不要使李侍郎有所闪失。"李若水苏醒过来，绝食抗争，有的人劝他说："事情已经到这样的地步了，实在无能为力，您昨天虽然骂了许多话，国相（粘罕）并没有恼怒，如果今天归顺，明天就可以得到享受不完的荣华富贵。"李若水听了这些劝降的话，只是叹息着说："天上没有两个太阳，我李若水怎么能侍奉两个君主呢！"他的随从谢宁等也来劝慰他说："您父母的年纪都很老了，如果稍微屈服，还有希望去看望他们。"李若水斥责他说："我不会再顾念家里的什么事了！忠臣侍奉君主，报效国家，除了死之外没有第二个选择。我的父母已经老了，你回去后不要马上告诉他们，让我的兄弟慢慢告诉他们就可以了。"金军就把李若水囚禁起来。

过了十多天，粘罕召李若水来商量事情，问起他为什么不肯向金国屈服，且粘罕有废掉赵氏改立其他姓氏者为中原皇帝的设想。李若水说："太上皇（宋徽宗）为了天下的苍生，已经下诏罪己，禅让给现在的皇帝。当今皇帝仁孝慈俭，从来没有什么过错，怎么可以轻易地废掉？"粘罕说宋朝不守信约，李若水说："如果说失信是过失，你们做得更厉害，是更加失信。"并且列举出粘罕失信的事实，还不停地骂道："你就是一只蠢猪毒蛇，真是一个无法无天的大贼寇，离灭亡没有几天了。"粘罕恼羞成怒，令人把李若水押下去，李若水骂得更加大声。被押至郊坛（即青城，宋斋宫名。一在南薰门外，为祭天斋宫，谓之南青城；一在封丘门外，为祭地斋宫，谓之北青城。宋吴自牧《梦粱录·郊祀年驾宿青城端诚殿行郊祀礼》：

31

"所谓青城止以青布为幕，画甓砌之文，旋结城阙。"元刘祁《归潜志》卷七："大梁城南五里号青城，乃金国初粘罕驻军受宋二帝降处。当时后妃皇族皆诣焉，因尽俘而北。后天兴末，末帝东迁，崔立以城降，北兵亦于青城下寨，而后妃内族复诣此地，多僇死，亦可怪也。"清钱谦益《向言上》："宋之亡也以青城，金之亡也亦以青城。"）之后，李若水对他的仆人谢宁说："我为国家而死，是我应尽的职责，无奈却连累了你们！"接着又不住口地大骂金人，骂得满口鲜血直流。粘罕命人割下李若水的舌头，李若水不能用口骂，便怒目而视，以手相指，金人又断去李若水的双手。失去双手如血人一般的李若水目光喷火，用怒目死死盯住粘罕，粘罕一阵狂笑后又命人挖去李若水的双目。凭着一副铮铮铁骨，李若水用巨大的精神支撑自己毅然屹立不倒，最后被金军残杀，悲壮而死，时年三十五岁。

李若水死后，人们在他的衣服中发现一首用血写成的诗，也就是后人所说的《衣袋诗》，其内容为：

> 胡马南来久不归，山河残破一身微。
> 功名误我等云过，岁月惊人和雪飞。
> 每事恐贻千载笑，此身甘与众人违。
> 私情惟有君亲重，血泪纷纷染客衣。

诗的大意是：金国的侵略者来到中原已经很长时间了，国家破碎了自己遇到很大的危险。可叹自己没有建立功名事业，而岁月却像飞雪一样去而不返。我做每件事都怕做得不对留给后人笑话，因此才力排众议，不与世俗同流合污而坚持自己的主张。论人情世界上只有皇帝和父母的恩情最重，但是现在我不能尽忠尽孝了，只有血泪染红、染湿了游子的衣裳。

当年四月，金兵掠走了宋徽宗、宋钦宗两帝以及皇室亲属三千余人，还有大批文物、图书、档案、天文仪器等贵重物品，并使山东、河北、河南一带的人民蒙受了极大的灾难。统治达一百六十多年的北宋王朝至此灭亡。历史上称这次大变故为"靖康之难"或"靖康之耻"。

## 南朝一人传天下

李若水的随从谢宁回归南宋以后，作为亲眼目睹李壮烈殉国的见证者，便把当时的情形都详细地汇报给李若水的遗属和南宋朝廷。宋高宗即位，下诏说："若水忠义之节，无与比伦，达于朕闻，为之涕泣。"意思是，李若水忠义气节，无与伦比，我听了之后，都为他落泪。特别追赠他为观文殿学士，谥号"忠愍"，还亲书悼词称他"惟尔英烈，追配古人"。当时南宋的太学生曾作祭文即《公祭忠愍李公文》如下：

> 皇穹将倾，天柱必折；大地欲仆，泰岳必蹶！公人中龙，肯臣犬羯？贼据床上，天子在下，公抱帝躬，嚼齿大骂。公于是时，眦裂发立，乾坤昼昏，鬼神夜泣。欲赎清卿，人万其身；万人何多，一世犹

轻。吾将提长剑而登泰华，抉浮云而问青天，虽泣尽
而继之以血，安得吾清卿之复然！

这段祭文翻译成现代话是："皇天将要倾斜坠落，撑起苍
天的柱子必然折断；大地将要震动陷落，泰山必然要倾倒。李
公若水处在这样的时代环境里，愤怒使他把眼角气得都裂开
了，头发都直立起来，现在是天昏地暗，白天没有光亮，鬼神
也无奈，只有在夜里哭泣。我们多么想把李若水从死神那里赎
回来，哪怕是用一万人的生命换回李若水一个人。我们真想登
上泰山，撕开浮云而责问苍天。虽然哭尽了眼泪而再流血，怎
么能使清卿复活呢！"他们把李若水比作天柱和泰岳，李若水
为国捐躯的精神惊天地而泣鬼神。这篇祭文写得情真意切，酣
畅悲壮，感人肺腑，催人泪下，充分表达了太学生对李若水的
敬仰和痛惜。

李若水殉国之后，其遗体被简单掩埋在汴京城外，金军撤
退之后，遗属才出城寻找到了李若水的尸体，虽然此时距离李
若水死亡已经一个多月时间了，"暴四十余日，肌肉不变"，
遗属也是十分的悲怆。之后，随着宋高宗赵构重建宋朝，李若
水的遗族都随着南宋朝廷南迁，在迁徙的过程中，还带着李若
水的棺椁。李氏族人于建炎二年秋，流寓扬州时，把李若水藁
葬在蜀冈之南。绍兴十一年（1141）五月二十二日，又迁葬于
湖州归安县广德乡卜村南黄龙坞少傅公茔之左，并"敕赐坟
寺，额曰褒忠永庆禅院"。

不仅南宋对李若水进行嘉奖，金国对李若水的忠义也十分

敬佩。从北方逃归来的宋人说，金国人在相互间说："辽国之亡，死义十数，南朝唯李侍郎一人，临死无怖色。"意为"在大金攻灭辽国时，辽国有十几位大臣有的自杀，有的不肯投降，尽节而死，而宋朝能做到尽忠守节的唯有李侍郎一人"。因此李若水赢得了"宋朝一人"的美誉。

## 青史传芳万古钦

对于李若水的记载，《宋史·卷四百四十六列传·第二百五·忠义一》有其本传，其他如《三朝北盟会编》《宣和遗事》《曲周县志》《广平府志》《畿辅通志》等多种史书典籍中也有相关传略。清代小说家钱彩《说岳全传》及近代小说家蔡东藩《宋史演义》等书中对他壮烈殉国事迹进行了艺术化的描绘，上世纪 80 年代初，著名评书表演艺术家刘兰芳播讲的《岳飞传》曾风靡一时，其中也有对李若水的精彩表述，使之更加闻名遐迩，几至家喻户晓。

李若水遗著为《李忠愍公集》，被收入清代《钦定四库全书》的"集部"。清高宗乾隆皇帝弘历还加有按语，即《御制诗——御题李若水忠愍集》，"主和误国罪何奚，即使弗和祸亦随。慷慨捐躯诚可尚，诗文成集合教重。浩然之气塞天际，不幸生在革命时。全彼忠还申己义，事非得已惨何为！"

现行的《李忠愍公集》是清四库馆臣据《永乐大典》辑为三卷本，卷一为札子五首、表七首、启五首、书四首、序一首、说三首、铭一首等共二十六篇；卷二为古体诗五十八首；

《钦定四库全书》中的《忠愍集》书影

卷三为近体诗六十二首。光绪年间有《畿辅丛书》也收录有《李忠愍公集》。此外，李若水还著有《直斋书录解题》十二卷，《宋史·艺文志》作十卷，已佚。

## 忠愍荣光传寰宇

李若水殉国之后，以他几个兄弟为代表的洺州李氏家族，在南宋初期的政治舞台上具有一定的影响力。他的长兄李若谷，进士出身，绍兴十三年迁左司员外郎，十四年任给事中，兼资善堂翊善。十五年兼侍讲，又升侍读，当年十月充端明殿学士、签书枢密院事，又兼参知政事。绍兴十七年正月被任命为参知政事，二月即罢职外放。

李若水的次兄李若虚（约1090—?），又名益虚，诗人。宋钦宗靖康时，李若虚尚未出仕。南宋初年，李若虚因抚恤入仕，曾任秀洲司户参军。绍兴三年，右承务郎李若虚任司农寺丞，殿中侍御史常同论李若虚"人物粗恶"，旋罢。绍兴九年，李若虚任司农少卿。绍兴十年，金军毁约南侵。李若虚奉宋廷之命，前往制止岳飞北伐，岳飞不愿听从，李若虚自愿承担矫诏书之罪，支持岳飞进军。七月，李若虚返回临安府，报告宋廷："敌人不日授首矣，而所忧者他将不相为援。"十二月，李若虚升司农卿。

绍兴十一年（1141），岳飞率军援淮西，李若虚前往岳飞军中，后随岳飞返到临安府。岳飞被削夺兵柄前夕，宋廷以李若虚充秘阁修撰，任宣州知州，旨在不让李若虚与岳飞朝夕相处，出谋划策。

《乾坤正气集》中的《忠愍集》书影

绍兴十二年（1142），岳飞遇害后，李若虚受罗汝楫弹劾，"朱芾、李若虚尝为飞议曹，主帅有异意而不能谏"，被罢官夺职，制词说："奸人败谋，即申邦宪，余党附会，难逭刑章。以尔凡陋，本无他能，每恣轻儇，殊乏素行。顷预军咨之列，专为利禄之图。诞谩不根，好荛自口，甘奴隶之鄙态，曾市

37

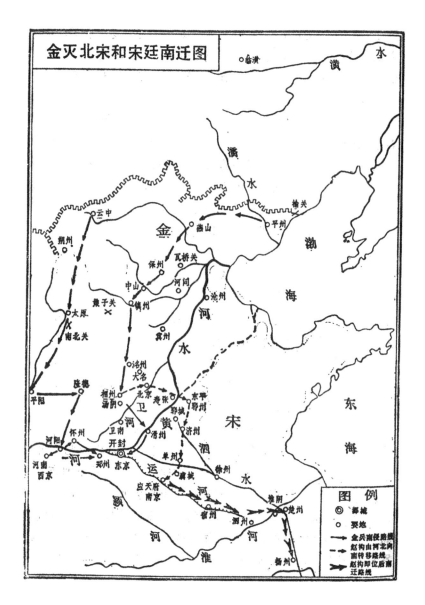

金灭北宋和宋廷南迁图

38

尘之弗为。蒙成狡兔之谋，卒陷鸣枭之恶。"五月，又因李若虚与朱芾"僻居近地，窃议时政"，朱芾也是岳飞的幕僚，被送徽州"羁管"。李若虚死于贬所。宋孝宗为岳飞平反后，因其孙李机请求，宋廷为李若虚追复原官。

李若水的五弟李若朴曾任大理寺丞，他反对对岳飞罗织的罪名，坚持依法认定，拒绝秦党之操作，因遭贬逐。

李若水的六弟李若川（？—约1173），绍兴十年之前即已出仕为官，绍兴十六年任职尚书金部员外郎。乾道元年，宋廷任命时已任户部侍郎的李若川为"贺尊号使"，出使金国，代表南宋向金世宗完颜雍致贺。李若川不仅有干吏之才，也有很深的文学造诣。

南宋末年，李若水的六世孙李万十于度宗咸淳元年率子庆三自浙江宁海梅林徙居江苏省常州武进县（古称毗陵）辋川里，从此在这里定居，为始迁祖。李万十绝意仕途，隐身畎亩，闲读圣书，籍此生息繁衍。孙辈首立堂号衍庆堂，分布于苏锡常地区。后裔中有绵远堂迁至西辋，崇礼堂迁杨舍，树德堂迁夏港，思进堂迁长寿，余庆堂迁至申港，宝文堂迁顾山，晨阳堂迁杨舍。目前为止，李若水后裔主要分布在江苏省常州市郑陆桥镇麻皮桥、西辋村，江阴市夏港、申港、云亭、长寿、周庄、山观、顾山，张家港的晨阳等乡镇，已经繁衍为一支庞大的族群，成为当地著名的书香门第、名门望族，历史上一直人才辈出，绵延不绝。他们世守着上千年的家规家训，为李氏家族的兴旺发达提供着巨大的支撑和强大的动力。

由于历史的变迁，现在李若水在湖州的墓地已渺不可寻。

但是，在李若水的故里河北省曲周县县城东南十多里处的漳河故道旁也有一处李若水墓地，或为后世寄托纪念所筑，也可兹人凭吊。造成李若水遗迹成为谜团的原因，是李若水在南宋时期是一个标志性的人物，但其故里曲周属于金朝的统治区域，他们必然会千方百计地泯

忠愍祠

灭李若水的所有痕迹，而此后改朝换代、兵燹灾荒等接踵而来，必然会产生一些误传及谬误。

作为李若水家乡的曲周，一直在李若水精神的感召之下，砥砺前行，长足发展。明清以来，曲周境内有多处纪念李若水的建筑，如曲周县城内原有一处专门纪念李若水的祠堂，叫作"李忠愍公祠"，也称李氏家庙，原址在今曲周县委党校东凤城路北，是一处典型的古代建筑。有大门、拜殿等，其中古碑数通，苍松翠柏，格外肃穆。官方为纪念李若水，还在每年春秋举行祭祀典礼。同治《曲周县志》卷十"典礼"部分中还

原忠愍祠遗址

记载了当时祭祀时所诵读的祝文："惟公效死宋室，南朝一人。翘首吁天，云胡不闻。明亚日月，诚格鬼神。苗食百世，绵焉永存。"原祠门上还有一副楹联，上联是"三寸舌不让北国"，下联是"一颗心忠于南朝"，横批是"宋朝一人"。短短十几个字，概括了李若水忠烈的一生，令人动容。曲周东关外，曾树立着一通"忠愍故里碑"；在曲周城西的曹庄村（今属鸡泽）也有一处"忠愍祠"，这里也有很多李若水的传说。

李若水的英勇事迹激励着一代代的曲周人，历代曲周人在这位乡贤精神的感召之下，无不立志报国，积极作为，谱写了一部部壮美的诗篇。忠贞爱国、勇于担当的李若水精神对于引领曲周后世以来的整个社会风气及各个家族的家风家规，产生了深刻的影响。明清以来，曲周人才辈出，先后涌现了王一鹗、陈于陛、刘荣嗣、路振飞"一朝四尚书"和李仁、赵愈光、张师孟、张占鳌、安邦杰等闻人，以及秦氏家族、聂氏家族、王氏家族等科举世家望族，他们都传承了优秀家训家风，引导整个曲周城乡向学、担当、积极、向上的精神风貌，形成了不甘人后、积极作为的社会风气，一直延续到今天，影响到现在。

李若水生平事迹同样也是一幅生动的廉政画卷，中共曲周县委、县纪委十分重视廉政文化建设，总结曲周县历史上的廉政故事，挖掘廉政人物事迹，内化于心，外化于行，做到古为今用，警示后人，见贤思齐，热爱乡土，建设家乡，充满自信，为新时代鼓与呼，使得"清风正气"布满整个曲周大地。

正是：清白家风传凤城，千秋万代出贤英。

若水故里吊忠魂，后继砥砺向前行。

附：李若水诗选六首

## 离　家

曙风入修檐，宿霭度遥岭。

游子恋庭闱，延此须臾景。

临行懒加衣，上马晨烟冷。

歧路白日忙，气候清夜永。

前途寡亲友，所晤唯瘦影。

长风傥或借，逸翰当少骋。

不然早旋归，柴门保孤静。


**释义**：早晨的风吹进高大的屋檐，经过夜晚的雾霭度过遥远的山岭。在外乡漂泊的游子眷恋家里的一切，多么想让此时此刻停留下来。到了出发的时候不想添加衣服，上马之后发觉早晨天气寒冷。人们在不同的道路上各忙各的，身边的气候是如此的寒冷。越往前走，亲朋好友越来越少，所接触的只有自己日益变得清瘦的身影。长风若能借来驾驭的话，可以减少多少驰骋之苦呢。能够早些顺利归来的话，在家里保持一份孤独的安宁也是好的。

此诗表达了作者离家之后对家乡的眷恋，也说明了仕路的艰辛。

## 狱　平　堂

掌狱贵持平，万议不能破。

夫子乃名堂，无愧横案坐。

皇家美化酿，小人亦寡过。

朱墨倪余暇，不妨歌楚些。

**释义**：掌管刑狱事务的一定要保持公平公正，这是无论如何都不能突破的底线。判案的官员（夫子）乃是名堂，不能有愧在横堂之上坐着。皇家的恩泽遍布四方，如同酿酒一样，即使这样，小人也总是会有过错的。判断案件的余暇时间，不妨多做些教化之事。

## 言　志

我拙畏吏事，观书度晨夕。

过眼辄成诵，掩卷不再历。

荒怪探禹穴，幽邀窥孔壁。

俯首滞铜印，朋侪屡贻责。

皇朝采疏逖，庞洪流庆泽。

英俊蔼云趋，参隶金门籍。

而我老红尘，弃置谁复惜。

径欲赋归欤，吴门晦声迹。

**释义**：我对官府浑浊的事情感到笨拙棘手，只好看书来度过早晨和夜晚的时光。我的记忆力还不差，过目成诵，掩盖住书卷就不会再看。荒唐怪异踏寻大禹曾经居住过的洞穴，幽深高远去看孔府的墙壁。低下头停滞在铜印（指官职）上，朋友熟人之辈屡次遭到指责。朝廷采取疏密远处，庞大的洪水庆贺恩泽。英雄俊杰和蔼如同天上云彩，参隶于金门之籍，出仕为官。而我却老于红尘之间，抛弃安置又心疼什么呢。直接走到告老回归之处，隐居在吴门销声匿迹。

## 归　家

陇头一片白云飞，仆手束装吾欲归。

故人故人莫强挽，篌中流尘昏彩衣。

彩衣虽昏尚堪著，庭前儿戏慈颜乐。

官高如天印如斗，问君此乐应还有。


**释义**：陇头之上一片白云飞过，准备好行装我要回去。老朋友老朋友你不要再强着挽留了，行囊中的尘土把彩色的衣服都弄脏了。衣服脏了还可以勉强穿着，回家之后，父母焕颜，儿女嬉戏，是多么温情啊。官位高得如同天一样，而官印如斗一样大，我问一下您，世间还有比这快乐的事情吗？

## 喜　雪

皇家有道岁不恶，雪花如絮千里飞。

老农夸杀麦本绿，一杯汤饼令汝肥。


**释义**：当朝廷有道之时，年景也不会差，千里大地之上雪花如同棉絮一样下起来。老农正在极力夸奖原本绿色的麦苗，下雪之后如同给它们喝了一顿汤饼一样使之变得肥沃起来。

# 红　梅

东风一戏剧，会使红绿争。

粲粲墙角花，朝霞翦芳英。

自怜冰雪志，猥与桃杏并。

未应素节改，但觉羞颜颓。

孤标翳尘土，疏香掩蓬荆。

游蜂颇知己，飞绕千回轻。

其奈逐臭夫，对之白眼横。

主人情不薄，爱君成瘦生。

今来摄从事，吏课殊少程。

何时把杯酒，一洗千枯荣。

**释义**：春天的东风一旦刮起来，如同玩笑一样，就会使各种红花绿色竞相开放。墙角开着的鲜明华美的花儿，在朝霞之下释放着四溢的芳香。自我疼惜却早已忘怀了冰雪之际，与桃花杏花一起开放感到鄙陋。没有丝毫改变自己一直以来的气节，只是觉得容颜有些发红罢了。出众的高枝遮盖了冬日的尘土，淡淡的香气掩盖住蓬蒿和荆条。四处散飞的蜜蜂是知己，总是绕着树千百回地飞。就好像嗜好怪僻的人，对其发出白眼横对着。主人的情分不薄，爱护梅树，人都消瘦了。今天来代理从事之职，官吏的很多历练我一点也没有。什么时候能够喝上一杯酒，来洗却千年的枯荣盛衰呢。

李 仁

家风纯朴留至性

清如水镜不染尘

明朝中后期及清朝前期是曲周人才辈出的一个时期，这些杰出人物的出现，必然与家风家训的传承有着很大的关系。历史进入明朝之后，曲周第一位考中进士的是赵忠，官居刑部给事中，李仁是第二位考中进士者，是曲周明朝早期的一位成功者，可以说对后世曲周科举的蓬勃发展起到了引领作用。

　　李仁（1493—?），字士元，曲周县胡近口村人。曾祖李智，祖李彪，父李梅，曾任听选之职。兄名李仪，李仁行二。李仁虽出身贫寒，但家风纯朴，家训严格，以读书上进为目标，年轻时立志苦学，以名节自相激励。明世宗嘉靖壬午年（1522）考中举人，嘉靖癸未年（1523）考中进士。

　　李仁考中进士后，出仕为官，被授予户部主事，兼管分司浒墅关职务。户部，是中国古代官署名，为掌管户籍财经的机关，六部之一，长官为户部尚书。浒墅关地处苏州东北部、京杭大运河东岸，素有"江南要冲地"之称。该关始建于秦朝，相传秦始皇南巡"求吴王剑，发阖闾墓"，见白虎蹲丘（今苏州虎丘）上，率部追赶二十余里，虎不见处，即名为"虎"地，几经易名，五代时名"浒墅"；明宣德四年（1429），户

部设钞关于此，成为全国七大钞关之一，遂名浒墅关，是"吴中第一大镇"。

浒墅钞关管辖"三司八港、本关三桥、沿海四港"，控扼整个苏南水道，南来北往的货船皆需交纳船料和商税。"分司"，也称为"榷使"。明代时钞关榷使由户部派出，多由户部主事或员外郎兼

天一阁存《明登科录》中的李仁登科录

任，清代则多由苏州织造兼理，任期皆为一年。

浒墅镇虽然行政上归苏州府长洲县管辖，但是因钞关衙署驻扎此地，使浒墅镇的地位和影响与一般市镇有很大不同。榷使的主要责任是掌管税收，在他人看来这个职位是捞钱的肥缺，必然会发个横财的，但是李仁在任内清正廉明，一尘不染。他对征税制度进行了改革，推却常例钱，裁撤耗羡。改革之后，使得商户普遍受惠，减轻了负担，也促进了商业的繁荣发展。虽然经手钱钞不下巨万，自身却"不名一钱"，当地的百姓和商人很受感动，"一时颂德"，为他树立了"水鉴碑"。

"鉴"是镜子的意思，感恩李仁"清如水，明如镜"的政绩，后来李仁升至户部员外郎。

据《曲周县志》等方志记载，李仁之子名叫李东安，是县学庠生，不幸早卒，其妻是司训王育英的女儿，李东安病逝时王氏才二十岁，"与孀姑方氏形影相依，坚志不移"，"当事表其门，曰'双节'"。

李氏一门父子婆媳皆列史志之上，为人传颂，在曲周历史上可谓绝无仅有，在很长时期都是人们向慕学习的标杆。李仁的纯朴至性直到今天还影响着胡近口村的社会民风，促使他们好学、上进，积极地干出一番事业。

# 王一鹗

儒学传家育后代

鞠躬尽为社稷器

明代时期的兵部尚书王一鹗，是曲周县"四大尚书"之首，开时代先河，影响深远。时至今日，在曲周县内等地还流传着王一鹗的种种功勋事迹及传说故事，如王家小路（相传王一鹗每次从京城回家省亲时，都是骑着毛驴来去，时间长了便形成一条蚰蜒小路，故名）、王兵部代皇帝泰山还愿（传说王一鹗代万历皇帝曾去泰山祈祷还愿，路上骑驴而行发生的一些除暴安良、为民伸冤的故事）等，故事的讲述过程中都特别强调到一个细节，就是王一鹗每次出行之时，都是骑着驴微服私访，这从侧面展示出王一鹗具有亲民和质朴的本色，同样这也是王一鹗家族传承数百年的家风。

　　王一鹗（1534—1591），字子荐，号云衢，别号宾衢，世称春陵先生，河北省曲周县城东街人。他的先祖原居山西省曲沃县，明朝初年因躲避战乱，其六世祖王斌迁居到湖广襄阳府枣阳县（今湖北枣阳市）。王斌生王仁美，王仁美生王琰（yǎn），王仁美后来以子王琰而显贵，被封为广东道监察御史。

## 簪缨世家　御史后代

　　王琰（生卒不详），字良璧，号栗轩，明宪宗成化乙未科

王一鹗画像

进士，出仕之后先是被授予"行人"之职。行人是一官名，明设行人司，行人由进士充任，掌管捧节逢使之事，凡颁诏、册封、抚谕、征聘诸事皆归其掌握。在京官中地位虽低，而声望甚高，升转极快。初中进士者，以任此职为荣。

王琰后升任监察御史，巡抚苏松，为官清正廉洁，秉公执法。史书记载说"吴地号艰剧"，苏（州）松（江）地区古属吴地，自古以来就是全国比较富庶的地区之一，俗话说"富而生骄"，因此这里的贪官横征暴敛，想着办法欺压百姓。"艰剧"是困难而繁重的意思，形容这里的税赋和徭役非常严重。王琰巡察至此，经周密查访，了解实情，制定法规，革除弊政，惩治恶人，雷厉风行，一时之间，"巨奸宿蠹，剔除几尽"，为民众所称道。

明宪宗宠信万贵妃，纵容万氏家族，王琰向皇帝直谏，"抗号万贵妃干政，激纯皇帝（明宪宗的庙号为纯皇帝）怒，毙杖下"。意思是说：上疏抗议万贵妃干预朝政，结果导致明宪宗大怒，王琰遭到廷杖，结果被冤屈打死，"谏诤死阙下"。由于王琰为官清廉，死后无余资，棺椁都不能置办，根本无法成殓，后在都察院同僚好友的帮助下，才得归葬。后人赞扬王琰，说他"盖骨鲠缙苦笃于性"，是一个非常有骨气的人。王琰的耿直性格对其家庭后代影响深远。

## 父迁曲周　功祀乡贤

王琰子王永，襄阳府学茂才（秀才），是王一鹗的祖父。王永的儿子王世爵，又名王之恒，即王一鹗的父亲。王世爵早年"游曲梁"，来到曲周游学，并在曲周考取了贡生，官至山东理问，后来以子一鹗而显贵，被封为兵部侍郎，赠封兵部尚书。

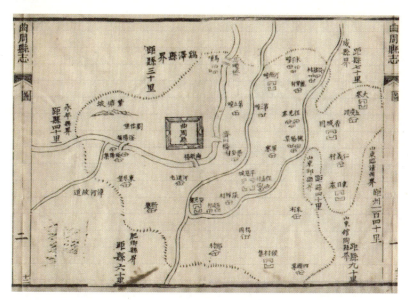

曲周古地图

王世爵为人端正，作风严谨，学问渊博，曾长期担任私塾的老师，"及门授业"者，也就是正式登门向他拜师受业的学生及门人弟子，"不问修贽"，从来不在意也不过问学费的多少。王世爵对于培养人才更是十分的尽心，因此教育、培养出来很多的人才。王世爵出仕为官之后，曾经担任过两个州的代理知州，以为官廉洁、清正而闻名。早年在"塞下"的西石闸地区主持过屯田事务，并取得了很大的业绩。在任山东布政使理问期间，把多起冤屈的案件都予以平反，因此被老百姓祭祀、崇拜、感恩。其子王一鹗考中进士出仕为官之后，王世爵就立刻辞官回乡，与乡亲们一起"相率遵圣谕"，"明正学"（明悉儒学）。王世爵为人慷慨大方，喜欢周济别人的难处，"周急则从厚"，"宗礼则从俭"，与乡亲们"共向风焉"，"宪纲载其制行"。王世爵性格严毅谦恭，狷介而温惠，"以此表正乡闾"，有裨风教。去世之后，无论亲疏，都是哀慕不已。王世爵是曲周县历史上的乡贤之一，他的名字被书写在木主（祠中的牌位）上，奉祀在曲周县的乡贤祠中，在传统时代里"每岁春秋二祭"。王世爵是曲周历史上自宋代李若水后奉祀的第二位乡贤，由此可见其人格魅力的巨大影响和对家族榜样力量的绵远深厚。

## 垂髫进士　佳偶天成

无论是祖父还是父亲，勤奋厚道、质朴低调；清正廉洁、刚正不阿；为人端正、奉公节俭的优良家风深深地影响了王

58

一鹗。

王一鹗在祖辈优良家风的影响下，自幼就勤学聪敏，七岁就会作诗，人们对此都感到惊奇，称他为神童。明世宗嘉靖壬子年（1552），他参加顺天府乡试，成为一名举人。第二年癸丑科考中进士，时年十九岁，"发垂髫也"，过去二十而冠，可以说还未成年。古人谓未成年男子的发型为垂髫，因此王一鹗被称为"垂髫进士"。

在曲周民间至今还流传着一则《明伦堂对对》的故事。当时曲周县考秀才都是在文庙的明伦堂举行。那天正逢下雨，应试的考生都穿着油鞋（古代由于工业落后，没发明胶鞋，就在布鞋的木头底子上钉上钉子，把鞋用生猪血反复涂上以便防水）。主考官见此情形，故而在考试前先出了一则对联，先行考考应试者。考官便用大笔写了一则上联，"明伦堂穿油鞋钉钉钉地"。几百名考生纷纷议论道："这既不是唐诗宋词，也不是八股文章，照哪里去对答呢？"每个考生都写了一条对答，并且签上各自的姓名。考官一一看完对答后，仅选中了王一鹗所对的一条念给大家听。王一鹗对答的是"演武场放铜炮通通通天"。考官接着说，"此人对得好，我本写的是上联，人家一对答，我的却成了下联。此人的才学将来比我高，前程不可限量啊！"

王一鹗考中进士后，请求皇帝给予假期回家完婚。"肃皇帝赐文锦一袭，资妆奁"，嘉靖皇帝非常喜欢王一鹗，特别赏赐他一套文锦作为结婚礼物，"时为荣举"（成为当时一件很光荣很轰动的事情）。王一鹗的妻子黄氏，本县城南赵家庄

（今安寨镇赵庄村）人，出身书香门第，"诞族高华"，婚后夫妻和睦，举案齐眉，是王一鹗的贤内助，后来累封为恭人、淑人、一品诰命夫人。

## 居官南京　独当一面

　　王一鹗考中进士后，"观大理政"，曾在大理寺见习过一段时间。嘉靖甲寅（1554），王一鹗被授予留都南京刑部湖广司主事；两年后（1556），升为本部广东司署郎中郎主事，主管刑狱事宜。在处理案件之时，无论大小，都判决得十分公允，深受人们的称道；又两年后（1558），调任南京兵部职方司郎中，恰恰在这个时候，"黄司徒（南京户部的长官）减军饷"，克扣军饷的开支，贪污不法，引发了士兵的哗变。乱兵杀死了黄司徒，并且变乱有蔓延之势。一时之间，南京的各个司道衙门的官员对于这起突发事件都是束手无策，面面相觑，不知道该如何应对。王一鹗处变不惊，毅然慷慨陈词，对大家说道："现在乱兵的气势非常嚣张，金陵（即南京）却没有一点戒备，人心最容易变动的，现在趁着还没有蔓延开来形成气候，是可以平定的。"于是王一鹗单人独骑数次往返乱军的营房之中，晓之利弊，安抚将士。由于王一鹗向来对士兵很友善，平日也有恩于军士，经过王一鹗一番苦口婆心的劝谕，最终参与骚乱的士兵"竟鸟兽散"，从而化解了一场即将发生的严重的政治危机，明朝留都南京因此得以安然无事。

## 知府建宁　屡败倭寇

王一鹗在留都南京担任郎官整整七年。嘉靖庚申年（1560），出任福建省建宁府知府，当年王一鹗还不到三十岁。《建宁府志》称，王一鹗才智颖敏，勤于政务，有了案件立刻就审理完结，从不耽搁，并且判决十分公正。王一鹗还特别留心培养提携学业有成就的士子。"辛酉一元二魁皆平日所识拔者"，即嘉靖辛酉科建宁府科举考中的进士都是王一鹗平日所赏识和提拔的人才。

嘉靖中后期，来自日本的倭寇活动猖獗，屡次侵犯中国东南沿海一带，为祸异常，成为危害一时的倭寇之乱。地处福建沿海的建宁府也是受害地之一。有一次，倭寇忽然向建宁进攻，并且包围了建宁城，王一鹗调兵遣将，部署官兵，并且与士卒同甘共苦，登上城墙，发誓守卫。王一鹗身先士卒，同仇敌忾，"人情感激用命"，将士军民在他的带动下一起为国报

王一鹗旧居一角

61

效，用尽全力，倭寇根本不能靠近建宁城一步，因此建宁城赖以保全，倭寇的阴谋不能得逞。倭寇败退下去之后，又不死心，便改变路线，想乘机前去偷袭政和（今福建政和县），但倭寇万万没有料想到的是，王一鹗早就预想到倭寇会攻打政和，因此提前布置下了奇兵，建宁、政和两地互相声援，因此政和也是安然无恙。倭寇大败而退。后来，倭寇再一次前来建宁劫掠，王一鹗早就未雨绸缪，实行了"断桥、清野、一郡戒严"等一系列方略，倭寇处处被打击，狼狈而逃。建宁大败倭寇的捷报奏到朝廷之后，嘉靖皇帝非常高兴，下旨表彰王一鹗，给予奖赏，"赐金币"。

## 数任要津　备受荣宠

建宁知府任满之后，因政绩卓著，王一鹗升任河南按察司副使，但是在此时却有"修其执者"，也就是受到政敌的构陷，故意找碴儿，嘉靖丙寅年（1566），王一鹗被贬为河东盐运司同知，还没有上任，被诬陷的事情就被证实了。嘉靖皇帝对王一鹗更加重视，恩宠有加，擢升他为湖广承天府知府。承天府是明世宗嘉靖皇帝朱厚熜的出生地，也是王一鹗的祖籍之地（与枣阳相邻）。王一鹗本着"疏避祖里"的原则，给皇帝上疏，主动要求回避。嘉靖皇帝让王一鹗改任直隶省凤阳府知府（今安徽省凤阳）。凤阳是明朝开国皇帝明太祖朱元璋的老家，是龙兴之地，可以说承天府、凤阳府都是事关明朝国脉、国运的重要所在，由此也足见明朝皇帝对王一鹗是十分的重视。

## 文武全才　北门锁钥

王一鹗之后升任山东按察司副使、兵备宁远之职。朝中主持政务的大臣一向知道王一鹗是文武全才，尤其擅长管理军队事务。这个时期，蒙古一个部落侵犯蓟门，边疆出现了危机。朝廷便调王一鹗到密云练兵，修筑烽火台，积极进行防御，部落人马因此根本不敢靠近长城。己巳年（1569），王一鹗的母亲阎氏夫人去世了，"丁内艰"（遭母丧称"内艰"），回家治丧守孝。"服阕"（指守丧期满除服），补密云。癸酉年（1573），加参政之职。甲戌年（1574），升任山东按察司按察使，未任，升都察院佥都御史，巡抚顺天、永清。辖地内的浑河夏秋两季经常发大水，造成水灾，"秋汛溢为害"。王一鹗组织修筑堤防，引洪入海，又兴修水利工程，开沟洫（田间的水道），做了很多实事，因此"土人德之"，"岁时尸祝焉"，皇帝还特别给予金币的赏赐。

## 总督四镇　功勋卓著

万历五年（1577），王一鹗升任都察院副都御史，巡抚宣府。当时中国北方的一个蒙古部落钦贡久仗凭武力要挟明朝，想额外索赏，王一鹗"震威裁抑之"，坚决不予答应，钦贡久部落知道王一鹗精于用兵，也不敢真来侵犯，吓破了胆，因而"朝廷恩威大著"。上谷、云中、渔阳等长城诸镇无烽火，数年都没有发生战争。为此，明神宗赐予王一鹗金币，并加俸一级。万历皇帝以王一鹗的功劳，升兵部右侍郎，不久升为左侍郎，协理京营戎政，升为正二品的官阶。

万历十年（1582）王一鹗的父亲在家乡曲周去世，"丁外艰"，回家为父亲料理丧事。守孝完毕恢复工作之后，被擢升蓟辽总督。蓟辽总督，全称总督蓟辽保定等处军务，兼理粮饷，节制顺天、保定、辽东三抚，蓟州、昌平、辽东、保定四镇。所管辖蓟州、昌平两镇，与敌人仅仅间隔着一道长城，并且与辽左等地唇齿相连，军事战略地位非常重要。

王一鹗在蓟辽总督任内，为长远考虑，进行了一系列的军事筹备和谋划。主要有：

"移军府，以便策应"，即把军中的府库进行适当的调配，便于相互策应；

"处募兵，以期实用"，妥善处置招募兵员，增强战斗力；

"厚存恤，以安解发"，厚待士兵，多加抚恤，及时发放；

"复旧堡，以资守望"，修复废弃的堡垒，加强守望支援；

"练军伍，以壮声援"，操练士卒，壮大军威，互相声援；

"广招降，以消逆党"，扩大招抚敌方人员的力度，分化消解入侵者的势力；

"宽关禁，以开边利"，开放关禁，进行互市，扩大双方的经济联系；

"精简练，以选军锋"，精细安排，选择训练，造就军中的威势；

"议加给，以恤战骑"，增加赏赐，体恤作战的骑兵。

以上九大建议上奏给明神宗之后，"皆嘉纳允行"，全部予以采纳并执行。

王一鹗在实际操作中，又采取了很多人性化的做法，如"优存延绥入卫兵马，更易班期，避寒就暖，改移道路"等系

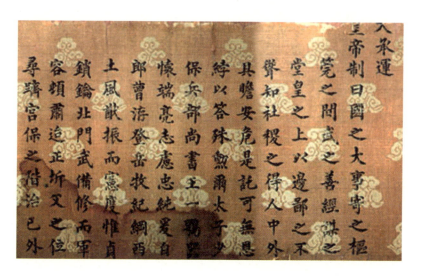

明神宗加封兵部尚书王一鹗圣旨

列措施，军民都称便，感恩戴德，争相效命。

万历十四年（1686）五月，一支蒙古部落阴谋内犯，因为明朝廷有着充分的准备，在王一鹗的指挥下，官军奋勇抵抗，争相杀敌，一战获胜，擒斩敌人七百多名。王一鹗担任蓟辽总督期间，可谓"四镇安堵，勋庸懋著"，明神宗便擢升其为都察院左都御史，仍兼兵部右侍郎、蓟辽总督，又"赐金币"。

## 执掌兵部　革故鼎新

万历十五年（1587）三月，万历皇帝"特简"（皇帝对官吏的破格提升）王一鹗为兵部尚书。兵部尚书是六部尚书的其中之一，别称为大司马，是统管全国军事的行政长官，为正二品。

明朝进入万历时期之后，军备废弛。京都卫军常常为一些宫中的太监管辖，并且为他们服务。明朝军队的编制混乱，经常缺少员额，每次遇到检阅都是出钱从市场上临时租借一些游手好闲的年轻人或乞丐等凑数。名册多是虚数，空额兵饷全被统兵大员吞入私囊。门禁松弛，凡巡夜、守门等事一概废除。王一鹗到任后，明申律令，进行整顿，严肃军纪，查办贪赃枉法的军将官吏，革除旧的陋习，"淘汰锦衣冗员，抑白丁冒滥，定武职赏罚之格"，因此"积蠹肃清"。是年九月，万历皇帝的陵寝基本完工，因为这个功劳，王一鹗被加封为太子少保，还被特别赐予金币。

## 老臣谋国　鞠躬尽瘁

　　万历十七年（1589），蒙古火、舍两个部落在明朝西北的临洮一带发生内讧，危及边境地区的安全。王一鹗在兵部审时度势，洞察机宜，提出条议（分条陈述意见的奏疏或文书）"选将、练兵、保蓄"等八种方略，战守互乘，做了充分的应对。危机持续到万历十八年（1590），在此期间，王一鹗与枢务大臣商量应对之策，议论纷纷，有的主张迎战，有的主张守御，意见不一。王一鹗作为兵部尚书，晚上住在兵部官署之中，日夜筹划，寝食不遑，从容调度。结果，火酋逃遁到远方，舍酋回到原来的部落所在地。王一鹗以兵部主官大臣筹划办理，明朝取得了最终的胜利。第二岁辛卯（1591），王一鹗向皇帝先后六次上疏，请求辞职，都没有被批准，但此时他已经积劳成疾，病情转重，当年秋天在京城（北京）逝世，享年五十八岁。前任内阁首辅徐阶（谥号文贞，王一鹗的老师）曾经说过"门人四百人，王公为社稷器"（意思是他有四百个门生，只有王一鹗是关系国家安危的重臣）。徐阶一语中的，十分恰当。

## 名垂青史　生荣死哀

　　王一鹗逝世后，湖广江夏学士郭正域为他作传，是为《大司马王公一鹗传》。该传被收集在各个时期的《曲周县志》

67

中。《明神宗实录》《明史》《畿辅通志》《广平府志》《建宁府志》《襄阳府志》《曲周县志》《枣阳县志》等书中有他的传略或事迹的相关记载。

王一鹗墓地

郭正域评价王一鹗道，"结发登籍，中外剔历二十任，驱驰南北四十春秋"，很年轻的时候就出仕为官，做过朝廷内外二十多任官职，驰骋南北四十多年，"遇盘错，洞若观火"（处理过很多盘根错节的复杂事务，并且观察事物非常清楚，具有超强的辨别能力）。"功施社稷，名重华裔"，"以忧国而死"，有着始终如一的坚强毅力等。并且说，王一鹗的曾祖王琰的血气尚在，祖孙都是功名彪炳，以身殉职，对国家忠贞，后先如同一辙。郭正域还说，他虽然因为没有侍奉王琰而遗憾，但是以侍奉到王一鹗而不为憾了。

王一鹗能诗、能文，可谓文武双全，著有《春陵集》。

几百年过去了，历史沧桑，风云变幻。一些人，一些事，似乎并没有走远，王一鹗以担当任事的曲周先贤形象依旧在人们的心目中萦绕，他的故事仍在一代代的曲周人中传颂。

陈于陛

秋风两袖归尘去

八两遗金后世钦

在曲周县东南方向，有一道漳河故道抑或更早是黄河故道，这里地势平坦，但土地并不富腴，过去村民以种红薯、花生为主业，近年来随着农业科技的蓬勃发展及助农行动的开展，也是一片富足的景象，这里坐落着名闻遐迩的堤上村。

堤上村自古民风淳朴，人文荟萃。据史料记载，因其村位于漳河大堤上而得名堤上村。或许漳河清流带来的毓灵秀气，有明一代就出了兄弟进士，其中兄长陈于陛曾为隆庆皇帝的讲官，是名副其实的帝师，后任户部尚书；弟弟名叫陈于阶，曾任怀隆兵备道副使，也是名闻一时的能臣。

坐落在曲周、邱县、馆陶三县交界处的堤上村，何以能走出陈氏兄弟进士这样的杰出人物呢？这要从陈氏的先祖陈十五说起。

陈十五，本是山西洪洞县人，明朝初年，他携家带口奉诏迁居曲周堤上村，在此安家落户。陈十五是典型的元末明初时人的名字。元朝由于实行民族歧视政策，很多汉人没有名字，就以数目字为名，如明朝的开国皇帝朱元璋本名朱重八。这样的例子不胜枚举。

陈十五之后的几代人勤勤恳恳，重孝行道，重文讲礼，十

陈于陛画像

分重视对子孙的教育，虽无成文的家规，但耕读传家、洁身自爱的良好家风，一脉相承，绵延不绝，为堤上陈氏的发达打下了良好的基础。陈氏几辈先人皆隐居不仕，至陈于陛祖父陈思孝时，开始读书上进，父亲陈善礼，已是县学的生员，曲周陈氏至此步入读书士子的行列。

陈氏的家规家风

石星
貫直隸大名府東明縣民籍　縣學生
治書經字拱辰行二年二十三月十五日生
曾祖文增　祖能　父魁　母燕氏
具慶下　兄昱　娶鄭氏　母鄭氏
順天府鄉試第一百三十名　會試第...

陳于陛
貫直隸廣平府曲周縣民籍　縣學生
治詩經字子納行一年二十四閏十一月二十五日生
曾祖全　祖思孝　父善禮　母張氏
具慶下　弟于階　娶谷氏
順天府鄉試第三十九名　會試第二百六十九名

天一阁存《明登科录》中的陈于陛登科录

不仅造就了堤上陈氏的繁荣，而且由一村一乡辐射到一县一州，甚至更为广泛的地区。堤上村南边寺头村的张师孟，曾受到陈于陛的提携教导，后来也考中进士，官居太仆寺少卿，成为一代名臣。张师孟深受老师陈于陛的影响。张师孟的学生四夫寨村人刘荣嗣也考中进士，官居工部尚书、河道总理。这些人的道德品行可谓一流，陈、刘同为曲周明代四大尚书之一。当时附近县份，如邱县、馆陶的许多人士也都深受陈于陛的影响，在史志上都可以得到印证。

陈于陛（1543—1596），号莐斋，自小聪颖，好学上进。

至如今在曲周境内还有许多他小时候的传说故事在流传。

相传陈于陛出生之时，正降瓢泼大雨，刚好此时有两个私访的大人从陈家门前路过，不得已只好下马躲在陈家的街门底下避雨，犹如两个左右把门的门官。陈于陛出生之后，依照曲周当地的习俗，他的祖母要去烧香还愿。乡间的老太太披着斗笠出门去烧香，两个官员问道："大雨天，出去烧香所为何故？"老太太答道："添了孙儿有了得济人。"两位官员不由大惊说道："这娃儿福分不少，做个四品大官不成问题。"老太太并不懂什么品级，随口答道："什么三品四品，一品二品就中。"两位大人不由暗然一惊。

故事归故事，现实还得根据事实。陈于陛"生而沉毅，为

堤上村大陈庙中的陈于陛、陈于阶塑像

文章倾座人"。即他沉着果敢、性格坚毅，尤其善于写文章，可谓思维流畅、妙笔生花、字字珠玑，常常倾倒在座的众人，成为人群中饱受瞩目的焦点。

功夫不负有心人，寒窗苦读终结硕果。明世宗嘉靖戊午年（1558）陈于陛参加顺天府考试，考中了举人，第二年即嘉靖三十八年（1559），考中了进士，由此步入仕途。

陈于陛初任庆阳府推官，在任期之内"奉公守法，不执不激"。作为司法官员，陈于陛办案公允，雷厉风行，至今《曲周县志》及曲周当地还记载有这样的一则奇闻逸闻。

相传陈于陛小时候和弟弟陈于阶一起在书馆发奋用功，有一个寒冷的冬夜，陈于陛出去取火，回来后见陈于阶趴在课桌上呼呼睡着了，陈于陛害怕弟弟受冻着凉，便把他背回了卧房，放在床上，随后又返回书馆继续读书。刚坐定不久，忽听有窸窸窣窣的声音，深更半夜经久不息，不由令人毛骨悚然。陈于陛便大声叱喝道："这是什么声音？"这时才见黑暗中出现了一个披头散发、满身血污的男子，跪在油灯之下，哭着说："我是陕西的一个商人，为不良的店主人贪财所杀，受了不白之冤，成为孤魂野鬼，求大人为我昭雪报仇。"陈于陛并不害怕，淡定地摆手说："我年少无能为力，何况你是陕西人，我是直隶人，相隔千山万水，也是爱莫能助呀！"那个男子叩头作揖说："请大人您一定要记住。"说罢就不见了。陈于陛在任之时，果真审理了这个案子，把行凶杀人霸占民财的不良店主绳之以法。

陈于陛在庆阳推官任上十分突出，因而升任礼部主事兼为翰林院待诏。这时他被任命为太子朱载垕（hòu）的老师。朱载垕就是后来的明穆宗隆庆皇帝。

当时明穆宗还是太子，居住在东宫太子府，也被称为"潜邸"。因朱载垕被封为"裕王"，因此其王府被称为"裕王府"。朱载垕的父亲是明世宗嘉靖皇帝朱厚熜（cōng）。嘉靖皇帝为载垕选择"讲官"。

讲官又称"讲郎"，古代讲授经籍之官，为皇帝经筵进讲的官员。也指东宫侍讲官员。

在选择讲官之时，满朝文武大臣首先一致推荐的人选就是陈于陛。因为陈于陛向来品德高尚，道德文章都有名气，声望也高。担任讲官之后，他教学认真，善于诱导，讲课之时引经据典，以古论今，深切透彻。作为学生的朱载垕实际上也比陈于陛小不了几岁，可以说是同一代人，君臣之间相处得十分和谐愉快。明穆宗十分推崇陈于陛的品德学问，对其甚见推重，对陈于陛有着很高的评价，称赞其"纯良端雅士也！"意思是陈先生真是个纯正、诚实、良善、规范的正人君子呀！"虽私语左右，必称先生焉"，就是说明即使在私下的场合，每当提到陈于陛名字的时候也称之为陈先生，是为了表示对陈于陛这位老师的敬重。明穆宗还拿笔书写了"恭慎"和"经幄效勤"两幅条幅赏赐给陈于陛，成为一时的荣耀之举。

陈于陛之后升迁尚宝丞，掌管国家信印。不久改任吏部员外郎，这是主管人事的一个职务。在任期间，陈于陛廉洁自持，严格管控选人、用人渠道，"一切称私谒不得行"（即任何通过托关系走后门的行为一概拒绝）。任人唯贤，"典选事清""果慎铨衡""称得人"（即选拔任用了许多优秀的人才）。陈于陛后任河南参政，在河南减少徭役，鼓励开垦荒地，兴修水利，执行了许多便民利民措施。陈于陛再升任太学寺少卿，历通政司右通政、太仆寺卿，转应天府尹，又任北京太常寺卿，无论在哪个职位上都做到尽心尽职、一丝不苟。由于陈于陛刚正不阿，处事不圆滑，得罪了朝中的一些掌权者，后被外放他职，但因此声望更高。于是，皇帝逼不得已，又把他调回京里担任太常寺卿，主管国家的祭祀、礼仪等方面的事宜。

明穆宗隆庆皇帝在位仅仅六年就驾崩了，而由其仅十岁的儿子朱翊钧登基，称为明神宗。由于皇帝此时年幼，无法亲政，经过一番政治博弈，内阁首辅大臣张居正成了明王朝实际的操盘手、主心骨，成了一人之下、万人之上的实力派人物。张居正的声势日隆，如日中天。

陈于陛与张居正向来政见不和，在日常交往中存有宿怨。张虽贵为内阁首辅大臣，但实际上度量并不大，一直想构陷陈于陛。原因是这样的，陈于陛早年任职吏部时，主管人事，有一次张居正私下嘱咐陈于陛提拔自己属意的一个亲信，陈于陛认为他推荐的人不符合要求，就没有任用，因此使得张居正心怀芥蒂。再有一次就是陈于陛任河南参政的时候，张居正的家属路过汝南，因张居正的老家是湖北江陵，回家必过河南，但因主人有多大，奴才就有多大。张的仆人依仗主人的权势，嚣张得不行，在汝南横行不法，十分蛮横，向地方上索要财物，弄得乌烟瘴气、鸡飞狗跳、人心惶惶，影响很坏。地方官府十分被动，却也束手无策，害怕得罪了当朝重臣张居正。但陈于陛并不在乎这些，他严肃惩处作恶的仆人，狠狠教训了他们一番，还强制把他们驱离出境，使得老百姓人心大快。但因此张居正也十分记恨陈于陛，可是陈于陛向来恪守自持，循规蹈矩，因此使得处心积虑想寻找陈于陛麻烦的张居正一时也找不到构陷的理由。

不怕贼偷，就怕贼想。不怕没好事，就怕没好人。这一次张居正终于抓到了一个机会。原来这一次明穆宗举行郊祭大典。所谓郊祭大典就是皇帝亲自祭祀天地的仪式，乃是国之重典，万万马虎不得。作为太常寺卿的陈于陛按照惯例作为祭祀队伍的导引，引导祭祀队伍的文武百官，张居正见这是一次机会，就暗中嘱咐他的亲信诬陷陈于陛越礼，对其进行人身攻击，说他欺君，冒犯皇帝。面对无中生有的指控和蓄意的诬陷时，陈于陛并不妥协，他撰写了《明心录》以示自己的心迹，面对张居正毫不妥协。张居正也毫无办法，加上皇帝也不表态，事情也就不了了之了。而此时的张居正作为内阁首辅，可谓一人之下，万人之上，为朝廷倚重，权倾朝野，开始清除他的政敌。没过多久，陈于陛受到排挤，于是便主动辞职回籍。

谚语云，树欲静而风不止。又云，无事家中坐，大祸从天降。陈于陛辞职回到原籍曲周之后，十分淡然，对过去的官宦生涯没有丝毫的留意，"家居养亲课子，为圃为农"，在家乡堤上村居住，奉养双亲，指导后辈读书学习，远离了官场的是非旋涡和尔虞我诈，倒也颇得自乐，轻松惬意，别有一番意味。虽然如此，但在北京中枢作为执政者的内阁首辅大臣张居正，对陈于陛这位前政敌依然放不下心，生怕陈于陛有什么举动对他不利，又害怕反对他的不同政见者会伺机而动，威胁到自己的政治地位，因此，多次派使者私下里调查陈于陛在曲周的种种行动举止，"阴刺短长以报"，企图抓住陈于陛的把柄进行报复，以解心头之恨。有一回，一个太监去办事路过曲周，这个太监是受张居正指使来到曲周探视陈于陛的。来到堤上村，他见到一个老乡就问："陈太常在哪里呀？"老乡指着一个在田地里锄地的农民说："那就是陈太常啊。"太监很是疑惑，不敢相信，于是就打听到陈家的所在，想到陈家亲自看一看。这时候陈于陛已经回来了，只见陈于陛布袍葛履，一副农人的模样，果然是之前见到的那个在庄稼地里锄地的老农民。而陈家也不过是泥墙草屋，仅避风雨而已，连个院墙也没有，同农民的住屋几乎无一点差别。作为一个曾在大明官场声名赫赫的陈于陛，生活居然如此简朴，这个太监深受感动，叹息而去。

明神宗万历十年（1582），张居正去世，因其在世时，与逐渐长大成人的明神宗之间的矛盾早已不可调和，隐忍了许久的万历皇帝终于爆发了，张居正的派系、亲信受到了皇帝的清洗整肃，原来被排斥、罢免的官员纷纷复出。陈于陛即以原官太常寺卿复起。没有多长时间，升都察院左副都御史。

"科臣有当斋戒而纵酒者"（即当时朝廷要举行祭祀大典活动的时候，参与的官员需要斋戒。斋戒期间不许饮酒，更要十分虔诚，然而有些官员对此不以为意，不能够约束自律，居然在此期间饮酒作乐，败坏纪律，影响极坏），陈于陛向皇帝上疏弹劾这些渎职的官员，使他们受到严厉的惩罚，一时之间整个北京的官场为之肃然震恐，朝臣们对此十分赞成，都说："纪法从此复明矣。"把整肃朝纲的希望寄托在了陈于陛的身上。

此后，陈于陛出任工部侍郎，督修京师北京城，"修费省而报竣速"，善于经营，"条算显白，中官莫能窟穴，节金五万"。把账目整理得清清楚楚，分毫不差，从而使监工太监不能从中贪污，中饱私囊，工程竣工节约五万两银子，万历皇帝十分高兴，对陈于陛进行嘉奖，赏赐银币，恩荫其一子为国子监监生。

再之后，陈于陛出任兵部左侍郎、漕运总督兼凤阳巡抚（全称：总督漕运兼巡抚凤阳等处），在此期间，增筑堤防，设置将官，疏通运河河道，使之畅通无阻，从南方运往京师的粮食、物资等得以保障。陈于陛一向勤于政务，从不懈怠，在一年之内就向朝廷上奏疏达三十九件之多，都是切中实弊的建设性意见，尤其漕运事务得到了整饬。不幸的是陈于陛的母亲去世了，陈于陛要回家办丧事，衙署内的属吏向陈于陛报告说："漕运的余金有十三万，依照惯例，是属于巡抚的，请大人拿去。"陈于陛拒绝将这些钱财据为私有，仅仅取了二百两的常例钱，而那十三万两银子，依照陈于陛的指示，一半用于周济凤阳贫困的读书士子，一半则送给养济院。

陈于陛在家乡曲周守孝三年，"服阙"之后，出任户部左侍郎，又升任南京户部尚书。万历二十五年（1597），陈于陛进京入贺之时，当时在六月间，因为匆匆赶路中暑得病而逝。临终时囊中仅仅剩下八两银子的俸禄。陈于陛死后，他的儿子贫穷得几乎没有能力筹备他的葬礼，后来幸得朝廷"赐祭葬"，才把陈于陛的丧事办了。

陈于陛去世后，他的儿子及乡亲们向朝廷请谥，为陈于陛争取个谥号。礼部的官员却故意敷衍塞责，上奏皇帝说，陈于陛刚正清忠，仅仅建议朝廷赠与"太子太保"的荣衔，又说念及陈于陛是先帝明穆宗的老师，因此恩荫一子为监生，朝廷赐祭葬，对于要求赐予谥号的事情支支吾吾，始终没有答复，不予赐谥号。由此可见嫉恨陈于陛的人是很多的，同时也从另一面印证了陈于陛是当时不多见的清官廉吏。

陈于陛在漫长的宦海生涯中，既做过外官也做过京官，既做过地方小官，也做过朝廷大员。受陈氏家风家规的影响，他在任何一个职位上，都清正廉洁、奉公无私，经济往来都严肃对待，毫无差别，都是"囊中无长物"。

陈于陛为人"性清洁，喜周人"。史书记载"戚党待举火者数十家"，意思是依靠他接济过活的亲属乡党有十多家。陈于陛不求虚名，依照当时的制度，中进士的还

陈于陛墓地遗物"诰命碑"

有其他获得功名的人，官方都要建立牌坊以示表彰，既是惯例也是荣耀。陈于陛做都察院左副都御史时，直隶省广平府曲周县的官方准备给陈于陛修建牌坊以示表彰。陈于陛没有答应，而把用于建牌坊的二百万（两）白银的经费，用来购买谷子存入县城的义仓里，以备赈灾之用。

陈于陛的弟弟陈于阶，号和斋，万历癸酉科举人，甲戌科进士，官至怀隆兵备道副使，也是一代名臣。

陈于陛的儿子陈其政、陈其志、陈其教，恩荫为国子监生，孙子陈国鉴，官至山西潞州府同知。

受陈氏家风的影响，数百年来，这一带一直民风祥和，欣欣向荣，百姓安居乐业！

# 秦 氏

耕读传世好家风

一门后裔九进士

马兰村是曲周县里岳乡的一个村庄，民风淳朴，明清两朝，该村的秦氏家族曾经出了进士九名（其中两名武进士）、举人十八人（含武举两人）、生员一百二十五人（含武生员十九人）、太学生十一人、贡生八人，计一百四十四人之多，另有三人因功赏五品蓝翎顶戴、六品顶戴，并有不少人步入仕途，而且成为曲周名宦。一个家族，涌现出如此多的杰出人才，在冀南一带可谓首屈一指，令人瞩目。秦氏家族是当之无愧的科举世家、名门望族。

　　追根溯源，这得从马兰村立村和秦氏始祖秦伯通从山西平阳府洪洞县禹沟村移民曲周，定居在此说起。马兰村的创始人是方友辅，至今已有六百多年的历史。据《秦氏宗谱》《曲周县志》等记载："友辅，河南人，登元进士。官节度使，出守顺德。明太祖倡议靖乱，兵临其地，攻七昼夜不下，舍而北向，逐顺帝于塞北，建都金陵。"洪武元年（1368），明太祖朱元璋组织兵力南征北战，称"倡议靖乱"。北征过程中，方友辅在顺德（今邢台）和明军展开激烈战斗，进行顽强抵抗，明军攻七昼夜不下，便绕道打到大都（今北京），推翻了元朝最后一个皇帝元顺帝妥懽帖睦尔的统治。明军消灭元朝后，

"系友辅母狱中。友辅诣阙请罪，太祖悯其忠孝，并其母赦之"。这是说朱元璋命令把方友辅母亲逮捕，囚于狱中。方友辅事母至孝，于是亲自出首，到南京向明太祖朱元璋请罪。朱元璋有意挽留方做明朝的官，方表示不愿再做官，愿意侍奉老母终其一生。朱元璋看其忠孝，就赦免其母和他抵抗之罪，答应他的请求。他便和母亲回到顺德（邢台）准备带领全家返回河南老家务农，终了一生。他们就从顺德南行，走到现在的曲周县城东南十五里时，人困马乏，就用地里长的兰草喂马，人也就地吃饭休息。谁知后来，马却怎么也不再走了。几经鞭打仍无济于事，方友辅认为这是天意使然，便在此定居建村。因为马和当地的兰草把他们拦住，故称此地为"马兰村"。

方友辅创建马兰村是在明朝洪武年间。过了十多年，明成祖朱棣靖难成功之后，再次迁移山西百姓到畿辅一带，秦氏始祖秦伯通从山西平阳府洪洞县禹沟村迁至曲周马兰村，并娶方友辅的女儿方氏为妻，定居在马兰村。秦氏迁入曲周后，勤俭持家，积德行善，逐步繁衍壮大。秦氏先辈中，不乏秦麟，"有阴德，好济贫，暑天舍瓜"等这样良善之人。

秦氏耕读传家，并在数百年的时间内数次刊刻家谱，制定家规。其内容为：

一、将营宫室，宗庙为先。但宗子不立谁为，世守之势必倾圮，况分散离居，不暇自谋，何有于祭，惟是各就其所当祭者，或祭于家，或祭于墓，必诚必信亦云可耳。

二、婚礼万世之始，不唯不当论贫富，即人容颜亦不当论，而门第在所必严，至娶同姓者，尤所当避。

三、墓祭虽云非古，然先人之遗骸在焉，露濡霜降能不凄怆惕。世来遗祭银四十两，取其利息，清明祭奠，分享祭余，一以敬宗，一以合族，其法可师，宜传勿替。

四、死者入土而安，停枢不葬，不唯于法有违，抑且情理何忍，即不必限定月日，期于未除服之先务举大事。

五、继嗣果昭穆相当，实名分之，所应继既合礼抑亦合义，不然我则多子而听弟与兄之绝后，谓之不仁，至论家产之有无，风斯下矣。

六、虽有小忿，不废懿亲，族大人众，性情不一，分门各户，骨肉或有参商，而以祖宗视之则同也，能以祖宗为念，则忿戾自消，凡我同宗，宜体此意。

七、子弟而蓄私财，利之所在，据为己有，则分别彼我，是自丧天性之根也，他日秦越相视，不亦宜乎。

八、文章一道，随时异尚，花样不同，大约原本，传注体会先儒，自然压纸沉着不凡，盖春华易落，乔松常贞。吾家累世遇合之文具，在有志上进者，所当留意。

九、士农工商，谓之四民。不能为士，即农工商亦无不可。勿背入公门，勿投门下，以玷辱宗祖，是所当戒。


家规共九条，简而言之：

第一条，讲的是慎终追远，纪念先祖。

第二条，讲的是缔结姻亲婚礼不当论贫富，也不当论容颜，同姓不婚。

第三条，讲的是墓祭的规矩。

第四条，讲的是人故后不准停枢不葬，脱孝衣前必须入土为安，即不准借丧事闹事。

第五条，讲的是昭穆次序。

第六条，讲的是宗族之间不能废弃美德，要以团结为重，

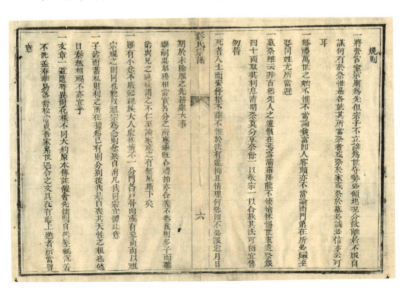

《秦氏族谱》中所载的"规则"

应宽宏大量，相互容忍，不闹矛盾。

第七条，讲的是不能贪财、贪便宜。不可把别人的财物据
为己有。

第八条，讲的是做学问。

第九条，讲的是要求族人尽力而为，能读书上进最好，从
事工商也可，但不要结党营私，拉帮结派，阿谀奉承，相互诉
讼，玷辱宗族。

明清两朝，马兰秦氏的杰出人物有：

秦氏始祖秦伯通的六世孙秦邦彦（1524—1583），明嘉靖
四十三年（1564）中举，随即任磁州（今河北磁县。明属安
阳，辖武安、涉县）知州，政绩卓著。到任后积极治理漳河水
患，使漳河流域广大农民
免受其害。后擢升为户部
四川员外郎，在任期间，
奉命督查易州粮食储备情
况，当时粮储不足，有人
提议向百姓预征，补上差
额，以示功绩，讨好皇
帝。邦彦不顾个人安危，
实事求是地向皇帝写了奏
折，说明情况，皇帝颁
旨，免征易州皇粮，使易
州百姓免受其害。为此易
州百姓为其建祠堂立碑歌

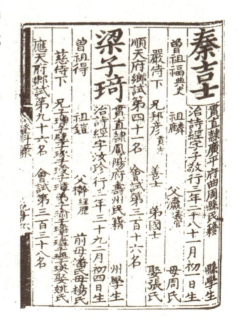

天一阁存《明登科录》中的
秦吉士登科录

秦廷奏画像

颂他的功绩。

邦彦三弟秦吉士（1532—1581），字子敬，号兰台，嘉靖四十年（1561）中举，嘉靖四十四年考中进士，先后任山东兖州宁阳县知县、吏部文选司主事，万历六年（1578）任山西按察司按察使，两年后转本省右布政，未任进左布政。崇祯年间被授予奉直大夫。

九世孙秦廷奏（1600—1640），字进思，号令俞，崇祯元年中进士，历任河南辉县、临颍、汝阳知县，初任知县时，就给家里写信说："不敢为贪官、酷官、糊涂官，以负朝廷，负所学也。"由于政绩突出，擢都察院江西道按察御史，后改任宣大（今张家口、宣化一带）巡按。任上励精图治，整顿治安，忠于职守，认真负责，受到嘉奖一级的奖励。由于过度疲劳，积劳成疾，以身殉职，受到皇帝嘉奖，赠中宪大夫、太仆寺少卿。

十世孙秦恪，进士，曾任福建同安县知县。

十二世孙秦铸，进士，曾任河南扶沟县知县。

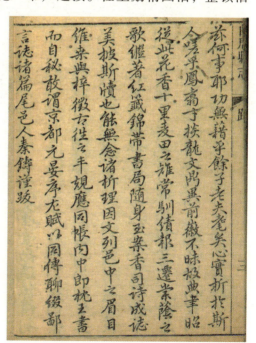

秦铸手迹

秦栋画像

十二世孙秦扩，进士，曾任山西马邑县知县。

十二世孙秦杨，进士，曾任广东恩平县知县。

十七世孙秦恩科，咸丰九年（1859）武进士，授御前蓝翎侍卫，派在銮仪殿行走，后任仅先游击兼管包头马步营（武四品）。

十七世孙秦联科，同治二年（1863）第三名贡士，同治四年（1865）殿试二甲第一名武进士，即授御前花翎侍卫，派在銮仪殿行走，后任山西隰州营都司（武四品）。

十七世孙秦家起，光绪三十三年（1907）任清军驻大名首领，赏五品蓝翎顶戴。

十七世孙秦冲霄，咸丰十一年（1861）山东临清白莲教攻陷曲周县城时，在护城中遇害。二子秦敬、秦敏同时遇害，受到知县表彰，为义烈。

好家规就是传家宝。没有规矩不成方圆。很显然，秦氏家规在制定过程中，肯定经过了反复的酝酿讨论，而这个过程本身，就是一个道德教育的共识形成过程和实践过程。把家族个人成员的道德立身跟社会精神文明的提升结合到一起，把民间道德中最美好的东西集中起来，把我们古典的、世代的优秀品质明确规范为条规条文，使得后人一代一代遵循它、发扬它、推广它。所以，从这个层面上看，秦氏家规有很强的实践性和社会性，被赋予了深刻的社会意义和独到的忠厚传家、忠孝传家的文化意义。

唐谦吉

敢废陋习为百姓

廉洁自律胜明镜

据说现在河南省南乐县的一个村里有一个过去用来碾压粮食的石头碌子。石头碌子在今天也不是什么稀罕之物，奇怪就奇怪在这个石头碌子与众不同，因为它为铁锁链连着。原来这其中有一段曲周籍的清官唐谦吉的故事呢。

　　相传有一次，山东大旱三年，颗粒无收，唐谦吉作为钦差大人奉旨前去放粮，路过南乐县，天色已晚，便住了下来。第二天，队伍刚要出发，一个布贩子前来告状，控诉说，他的布匹让人家给抢劫了。刚好遇到唐谦吉从这路过，就停下来，当场问案："你这个布匹是在哪儿失落的？"布贩子回复说："就在西南角的这个场里。"唐谦吉立刻说："我立马给你破了。"到了案发现场，看见场里边有个大青石碌子，便吩咐衙役们赶紧把这个青石碌子锁住，说："这个碌子就是证见，要审问碌子。"把碌子锁住后，就派手下人去四周一带大肆宣扬，钦差大人要审碌子，都来看了。但是有个要求，谁过来，都得拿六尺布匹，不拿布不让看，进不去。老百姓议论纷纷，有的还叹息，心里说："这还是清官？审个碌子还要六尺白布，看来也是徒有其表，名不副实。"结果他们到了那里真的在审碌子，怎么回事呢？原来过去纺花织布，都是打着印花，都有名号。

从哪买的，都有出处。这样
就把那个抢劫布匹的人抓到
了。百姓至此才恍然大悟，
钦差大人的名气传得更远了。
直到如今那个碌子还被铁链
子锁着，成为一个古迹了。
故事叫作"南乐审碌子"，流
传至今，为人乐道。

　　故事中的主角唐谦吉
（1555—约 1630），是曲周县
赵固村人。根据《曲周县志》
及《唐氏家谱》的记载，他
的祖先原来居住在山东益都，
明代永乐初年迁居曲周。唐
氏乃是书香门第，耕读传家，
重文兴教，崇礼尚义。唐谦
吉的父亲名叫唐熙载，贡生，
做过衡王府的纪善（明代衡
王府，在山东青州。纪善，

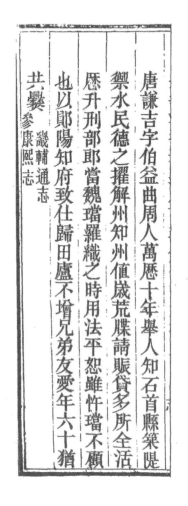

清光绪《广平府志》中的
唐谦吉传书影

官名，正八品，负责王府的礼仪和教育），并且两次代理知县，
颇有政声，史书记载到唐熙载的政绩时说"南国甘棠，至今勿
剪"。熙载在乡间"为德于乡里"，引导村民从善，很为乡亲
们所爱戴。

　　受此优良家风的影响，唐谦吉自幼就爱读书求上进，"发

98

未燥"，就已经读了很多的书，写的文章很有气魄，十七岁时，考中了县学庠生，二十七岁时考中举人。唐家虽不富裕，但尚可维持生活，因此唐谦吉坚持钻研学问，"薄田足供饘粥，不问户外事"，和弟弟唐恒吉（天启间任河南林县知县）、儿子唐世敦在一起研读经书，期待在科举上有所成就。但是，时运不济，唐谦吉多次进京参加会试，遗憾的是都没有考中进士，而"年已知命"。不得已，为了实现儒家"治平"的理想，才出仕为官。

唐谦吉初任湖广荆州府石首县知县。石首县北近长江，南接湘潭（湘江和潭江），地势低洼，如同泽国。"邑大如斗"。县城外原来筑有防水的小堤，但年久失修，早已失去了功用。每年一到夏秋两季，洪水暴发，河水上涨，大水直接冲进县城，淹没官府住户。以往，县官一到这个时节就带着印信文书登上城中的高阜躲避。老百姓则有的躲避在树梢上，有的躲避在木船中，"田庐淹没，比屋流亡"，苦不堪言。唐谦吉见到这个情况，决心加以改变，于是就向上级申请，修筑了一条坚固的长堤。从此以后"水不为害，民始宁居"，水退之后，原来的斥卤盐碱地，变成了肥沃的良田，百姓的生活大为改善。在石首任内，其他的善政还有很多。三年任满之后"直指鄂荐，循良第一"，升任山西平阳府解州知州。

当时解州（治所在今山西运城市解州镇）地区正在闹饥荒，官方的救荒救灾举措并没有什么特别的方案，"救荒几无奇策"，并不见大的起色。唐谦吉到任后，经过调研，认为救灾不力的主要原因是钱粮不济。解州是武圣关羽的故乡，这里的关庙"关壮缪（关羽的封号）祠"，"天下第一"，香火非常旺盛，大量香火祭祀的钱粮储存在"神库"里，是修葺庙宇、祭祀神灵所专用的。即使在灾年，也没有人敢动用。唐谦吉"仰体神意，念神诞此乡，亦有梓里之情"。且事在紧急，救灾如同救火，缓暇不得，于是"焚牒庙中"，经上级批准，动用关庙中的"香税"，购买粮食，设置粥场，开仓放赈，"以广神惠，民获更生"，救活了很多人。这件事情后来演变成"关公托梦唐谦吉"的故事，在解州一带广为流传。

唐谦吉解州任满后，调任山东济南府同知（古代官名，同知为知府的副职，正五品）。在任期间"大著贤声"。他很有办事能力，得到了上级的赞赏。上级委托他署理府县就多达四处，一个人常常佩戴着多处的印绶，人们都说他就像列国时期的苏秦一样，佩戴六国的相印，一时传为佳话。上级命令唐谦吉"盘查"青州、东昌（今聊城）两地的账目，依旧例，这是应该由"司理"来做的，而唐谦吉"以清军从事"，居然可以以"同知"的身份来做这件事，足见他有超常的办事能力及清正廉洁的为官态度，"亦足异矣！"

唐谦吉之后被调到北京刑部任员外郎，一年之后，转任本部郎中。这个时期，正是明熹宗在位时期，大宦官魏忠贤掌握着中枢的权力，无恶不作，阉党"大作威福，罗织锻炼，草菅人命，西市行刑，骈首相望"，气焰十分嚣张，社会陷入了恐怖的氛围之中。唐谦吉丝毫不为所动，"用法平恕"，依法办事，执法公平有据，从不惧怕权阉。史书记载说"虽李日知、徐有功，不足过也"，即他的执法严格，就和唐朝著名的法官

100

李日知、徐有功相比，也毫不逊色。明神宗的一个外甥名叫李承恩，一向对阉党专权表示不满，在私下里议论过魏忠贤的是非，被家里的仆人"挟仇揭告"，即把李承恩揭发举报了。"司官窥当意旨"即司法官迎合魏忠贤的意志，要判处李承恩极刑。唐谦吉向皇帝上疏为李承恩申辩，列出了八条抗告理由，加之李承恩是皇亲，竟得"减死"。之后，唐谦吉奉旨"恤刑江南"，平反了多起冤假错案。

唐谦吉从江南办差回来之后，升任湖广郧阳府知府。在郧阳，他"卧治不扰，化及江汉"，在郧阳推行教化。郧阳本地有一个陋俗，就是向他人借钱之后，用其人身做凭证，如果到期不能偿还，就要全家人等给贷款方做奴仆。如果有了钱想赎身，贷款方却并不归还借贷者的妻子儿女。这样的做法已经行之有年，人们习以为常。唐谦吉认为此举十分残忍，于是"悉使还之，且著为令"，即命令贷款方主动释放借贷者的家属，并且把这条规定当作政府的法令，不归还者将受到惩罚，废除了这个陋习，"民为感泣"。

由于唐谦吉清正廉洁，一心为民，被称为"唐清官"，因此民间都传说他是著名戏曲《七品芝麻官》（又名《唐诚审诰命》）中的清官唐诚的原型。

时至今日，"唐清官"的故事还在民间广为流传，激励着后人奋发图强，立业报本，努力上进。

张师孟

事实求益人求实

耿介正直以自持

位于曲周东南的依庄乡寺头村，是距离曲周县城最远的一个村庄，同时也是曲周最大的一个行政村。该村人口达八千余人，民风淳朴，一片欣欣向荣的气象，尤其令人瞩目的是在村中的十字街至今还矗立着一座牌坊，上书"三朝恩命"，字大如斗，格外醒目，为历史上"曲周好牌坊"的独一幸存者，弥足珍贵。牌坊的主人就是明朝时期该村的张师孟，曾官至太仆寺少卿，乃是一代名臣、曲周先贤。至今，在寺头村一带，还流传着张师孟"独榜御进士"的传说。

　　传说张师孟父亲是一名木匠，生活过得比较清苦，时常在寺头村的大户魏曹操家打家具，因此张师孟也经常到魏家去玩耍。这一天张师孟又跟去了，因为魏家的门环高，小孩够不着，就躺在魏家大门前边的石条上睡着了。张师孟

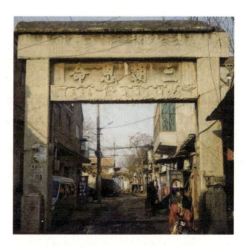

张师孟故里寺头村"三朝恩命"牌坊

正在熟睡之时，正在魏宅上房屋里的魏曹操喝着茶水，也打起盹来，背靠着太师椅子，昏昏睡去，做了一个梦，看到大门之外卧着一只黑虎，不由吓了一跳，一下就醒了过来，赶紧命家人出去看看是怎么回事。家人出门一看，却是木匠的小孩张师孟在睡觉。民间传说，"黑虎"现身，乃是大富大贵之人。魏曹操认为乃是天意，就主动培养张师孟读书上进。

这一年是大考之年，魏曹操让张师孟进京赶考，给自己的妻妹婿陈于陛写了一信，将张师孟拜托给了陈。结果张师孟因为路上遇到大雨，误了考期，皇帝单设考场，予以录取，因此被称为"独榜御进士"。

但传说归传说，历史事实还得说历史。张氏先人世居山西省洪洞县，明朝永乐初年迁居曲周。"世有隐德"，以农为业，耕读传家。张师孟父亲名叫张豹，后来以张师孟的功名被追赠为太仆寺少卿。

张师孟，字浩之，号泰岩。张师孟自小天资聪明，笃于学习，最初受业于他的长兄张师孔。张家的生活"贫且困"，但对于学习一直是一点也不放松，从不放弃。张师孟精神旺盛，容光焕发，"重于陈大司农"，堤上村的陈于陛十分看重他。陈于陛，万历间的户部尚书，在曲周称为"大陈"，是当时著名的大儒、学者。万历初年，陈于陛罢官家居，张师孟常常向他请教。陈于陛看到张师孟是个难得的人才，要求他的儿子晚辈以老师来看待张师孟，"司农负人伦鉴，落寞清严，少见许可"，意思是说陈于陛曾经长期在吏部任职，主管人事，最知人的能力如何，且性格落寞清严，很少有人能获得他的许可，

106

而独于张师孟针芥相投，很是欣赏他的才能，两人十分相知。

明神宗万历二十三年乙未（1595），张师孟考中进士，随即被任命为江苏省山阳县知县。山阳县即今淮安市楚州区，该地临近京杭大运河，"邑事繁剧，随宜酬应"，地处水陆要冲，舟车并集，以往的县官每每迎来送往，忙个不停，根本没有时间料理政务。闲起来则与民争利，于是便有一些奸猾的胥吏、衙役等不法之徒，从中获取好处，祸害百姓。张师孟到任后，决心加以改变，任内推行"崇文学，表节孝"，即在山阳提倡儒学，表彰节烈孝道，社会风气大为改观。"施恩流移，使归于所平"，对于流

清光绪《广平府志》中的张师孟传书影

落的贫民给予帮助，解决他们的生活问题。"何干之长也"，对于张师孟的政绩，史书记载说："至于今遗泽余爱，犹津津在父老口中。其以淮上纪绩诸碑为岘山石矣。"

己酉年南直（南直隶省）应天乡试，山阳县有多人考中举人，几乎成了破天荒的事情。《山阳县志》记载张师孟说"和易宽大而明见秋毫"，"虚公折狱不轻人罪"。又说"邑事繁剧，随宜酬应，遇有疑难，澄然不动，徐以一言定之。灾患

107

相仍，不亟催科而输纳者不忍，后尝捐俸以继赈贷之不足，修缮堤防，不自言功"。这些文字，把一个清廉、正直、干练的官员形象栩栩如生地描绘在后人面前。之后，张师孟候选四川道御史任，家居曲周六年。在此期间，张师孟与诸师友"讲经说艺"，平易近人，淡泊的态度还如同当年做县学生员的时候一样，没有一点架子。这个时候，四夫人寨的刘荣嗣还不得第，经常向张师孟求教，二人亦师亦友，经常在一起探讨学问，议论时事。有一次，张师孟对刘荣嗣说："我过去在陈公（陈于陛）的衙斋，不问公事，颇觉读书有味道。后来出仕之后，没有时间多读书思考，现在才是本来面目。有的人往往一心追求功名利禄，恐怕以后再难有这样清闲雅致了！"由此可见张师孟率真的个性。刘荣嗣后来官居工部尚书、河道总督，文学词章，为人处世，俱是一流，深受张师孟的影响。

张师孟精于政务，精明强干，对朝廷有很多建议。当时已经是明末之世，内忧外患，国家处于危急的状态，士兵叛逃，粮饷浪费，都是大问题，"多年纠结"，弊端丛生。张师孟提出了一系列的解决方案，"先时剖之，如指诸掌"，很有先见。史书记载说："巡城则城清，巡经营则经营清。"

张师孟后来出任御史，巡盐两浙。两浙的盐税收入，是国家的重要赋税来源，关系到国家的经济命脉，"于邦赋为重"，但其中也有很大的弊端。张师孟到任后，"疏理之"，"底滞通而困跛更"，达到了"商与国两利"的结果，促进了盐业的发展，增加了盐税的收入。当时巡盐御史的官员有一个惯例，就是盐税的耗羡都归巡盐御史个人所有。张师孟任满后，下属要他把几万两的羡金带走，张师孟拒绝了，说："吾不能以公家而充私橐（tuó，一种口袋）也。"意思是我不能把公家的钱财装到自己的腰包里。

两浙巡盐御史任满之后，明熹宗天启三年四月，张师孟出任巡视京营御史，台省同事给事中彭公（名不详），是张师孟在任巡盐御史时所举荐的，他们两个人"同心协力"，清查了冒名虚领、吃空额的费用达十多万两之巨，举朝震惊。但因为此举触及军队上层的利益，"师旅强毅，事未竣"。朝廷晋升张师孟为太仆寺少卿，而"营差新例，不岁终完举劾，虽经迁转不得代"，而张师孟"以囧卿理营务如故"。当时皇帝要去天坛祭天，张师孟负责警卫巡逻，工作认真负责，一点也不放松。有的人讽刺说："皇帝进行祭祀，不过才几天的时间，有必要那么紧张嘛！"并且把他比作"五日京兆"。张师孟回复说："这难道不是国家大事吗？何况是皇帝亲为的事，做臣子的怎么可以放松呢？"

张师孟后来不幸得了伤寒病，"发表不尽其毒，毒流为疽"，以病请归，走到黄河边上不幸去世。他在临终的时候，还念念不忘同乡的后学刘荣嗣等人，对他们寄托了很大的希望。

"事实求益，人求实在""介以自持，忠以自清"，是张师孟留下的修身治家格言，教育后人要实事求是，真诚实在，自我克制，坚持自己的原则，耿介正直，忠于国家，清白做人，

109

认真做事，时刻反省，从不懈怠。

时至今天，张氏后人分布在寺头村、东牛屯村、鸡泽县正言堡村及山西寿阳县等地，开枝散叶，把张师孟的家风也传导到更广的地方。

**赵愈光**

遗训十则传百世

淡泊明志永垂范

明清以来，曲周科举鼎盛，人才辈出，其中有的出仕为官，如明代中期后就出现了以万历时期的兵部尚书王一鹗、户部尚书陈于陛、崇祯朝的总督河道工部尚书刘荣嗣、隆武政权的吏部兼兵部尚书路振飞为代表的一朝四大尚书。这些杰出的仕人代表，成就了一番轰轰烈烈的伟业。但也有人秉性淡泊，并没出仕，而是一直生活在家乡，以自己独特的人格魅力为世人称道，端悫至善的门风影响着后人乡里，赵愈光就是此类人物中的杰出代表。

赵愈光（1552—1590），字子焕，别号述南，曲周镇赵庄村人。赵氏先祖本是山西太谷县鹅鸭村人。明初始祖赵云义迁至曲周东南的高固村。所谓义迁，就是主动响应政府号召，要求迁移到畿辅，而不是强迫命令的。赵云迁居到高固后，以农耕为业。经过几代人的不懈努力，辛苦劳作，到了五世赵端之时开始壮大家业，被授予七品散官。散官是古代表示官员等级的称号，与职事官表示所任职务的称号相对而言。隋始定散官名称，加给文武重臣，皆无实际职务，而统称官员之有实际职务者为职事官。明、清官员级别和待遇依实际所授职官品级，散官仅存名号。赵端置田滏河之左（面向南时，东的一边为

113

"左"，地理上指东方），并且把家搬到这里，"人遂指其庐曰'赵家庄'"，这也是赵庄村的由来。

有关赵庄村的由来，至今在曲周还流传这样一个故事：

据说当时赵氏家住高固之时，感觉距离曲周县城甚远，家族中人到县城办事颇为不便，走大半天的路，到了天就黑了，城门关闭，进不了城，很不方便。于是赵端就在曲周城东南五里处购置了田地，设立了赵庄，之后部分赵氏在此安家定居。曲周城西的西疃村奶奶庙三月初七庙会，规模很大，东南一带的人都来赶会，为了方便老乡，赵庄便也在这天起了一个会，并建有茶棚，免费舍茶舍饭，在前后几天，烧好水，煮好饭，供前去西疃村赶会的人休息、食用。后来，赵庄村也在村西建立了一座奶奶庙，一些上岁数的老人甚至走到赵庄的奶奶庙烧香后，就不再往西疃赶会了。这也就是赵庄立村落、舍茶会、建西庙（即奶奶庙，村东庙为孔子庙）的由来。

赵端是赵愈光的曾祖父。赵端子赵来凤，字柳塘，鸿胪寺序班，曾经自费整饰县学，修府学（广平府学）泮池，雕版印刷学习的教材（小学诸书），教育县内的人。督学使者（学政的别称，明清派往各省督导教育行政及主持考试的专职官员，也称"督学""学使"）佩服赵来凤品德高尚，晋升其一子为诸生，这些事迹被详细地记录在《曲周县志》中。

这里还有一个小故事：

相传，赵来凤独修圣人殿、热心文教、为国分忧的义举，受到朝廷的表彰，朝廷特别下旨，允许在赵庄村修建孔子庙，民间称之为圣人殿或圣人庙。赵庄村作为一个农村，并不是城

位于曲周县侯村镇东高固村的赵氏祠堂

邑，修建有孔庙，这是绝无仅有的。赵庄的圣人殿位于村东头，被称为东庙。曾经是雕梁画栋，非常壮观。后来改为学校。

赵来凤生三子，长子赵嘉趋捐资为指挥使。三子嘉猷担任经幕。仲子嘉谟，任清水巡检，配妻牛氏，是为赵愈光的父母。

赵愈光生于嘉靖壬寅年（1542）九月，天性孝慈，朴实厚道而聪慧过人。十六岁即为诸生，每次考试都"辄冠多士"，癸酉考中顺天乡试，成为举人。以后数次赴礼部参加会试，都没有中第，以父母年岁大了，感叹"读书思博朝廷一命，以报所生耳，今君恩未可必得，反以诵读妨温情，如予职，何迎两人于邑，致养无方"。意思是被朝廷任命为官，就能报答父母养育之恩，但是如今君恩未必可得，反而妨碍亲人之间的温情，如果被外放为官，父母怎么办，怎么致养呢？便下决心不再参加考试，"为后进者主持文社，议论一禀于先民"，意思是为年轻的诸生主持文会，其议论一概秉持先贤的教诲，成为世道的典型。丁亥己丑间，父亲去世，"哀毁逾礼，几乎灭性"，意思是居丧期间非常悲痛，几乎失去了本来的面貌。丧事刚刚办完，赵愈光就得了病，经春到秋，终告不治，享年四十九岁。

赵愈光生性善良宽厚，好给予别人财物、恩惠，帮助他人，与人交往心无城府，"亲识者多待以举火"，很多亲朋好友靠他的接济生活。有人争讼打官司，总是劝解，和睦邻里，所培养的故人的子弟多能成人自立。还常常在冬天举办粥场，活人无数，贫穷的死者给予棺椁，即使不认识也不问。县内喜欢谈论高尚行谊的，"至今不衰"，他的音容笑貌似乎永远留在人们的齿颊之间。

赵愈光在弥留之际，遗言嘱咐要求不要为他写照，写照即画像，他说即使再好的画师，如果少画一根头发即不是本像了；不要举办宴席，说此举枉费又非礼；又嘱咐不要作墓志铭，说自己"未仕无忠君爱民实行可以传后"。

但是，为教育后人，他又作遗训十则：

其一是"仅调摄"，即无论家事还是人身都要谨慎地调理保养；

其二是"肃阃内"，阃内旧指家庭、内室，此指管理好

116

家庭；

其三是"勤学业"，勤于学业；

其四是"戒嬉游"，不要过分嬉戏玩耍；

其五是"慎交与"，慎重交际，结交朋友要慎重；

其六是"理家务"，善于料理家务；

其七是"节财用"，要节约用度；

其八是"谨门户"，门户严谨；

其九是"择令使"，慎重选择上司；

其十是"广储蓄"，多做储备，以防后患。

赵愈光的儿子赵尔质询问"治命"（指人死前神志清醒时的遗嘱，与"乱命"相对，后亦泛指生前遗言），他说，"闵子骞可法也"。闵子骞（前536—前487），名损，字子骞，中国春秋末期鲁国人，孔子高徒，在孔门中以德行与颜回并称，为七十二贤人之一。他为人所称道，主要是他的孝，作为二十四孝子之一，孔子称赞说："孝哉，闵子骞！人不间于其父母昆弟之言。"元朝编撰的《二十四孝图》中，闵子骞排在第三，是中华民族文化史上的先贤人物。闵子骞崇尚节俭，鲁国要扩建新库房，争取他的意见时，他批评说："原来的库房就很好，为什么再劳民伤财去改造？"

赵愈光去世后，杨固村人、曾任工部都水司郎中聂章羽为其撰写了行状，因为赵愈光遗嘱不要刻写墓志，其子赵尔质一直挂怀，写照、饩宴都没有举行，只是墓志铭的事实在"不能忍罢，固不敢违背先大人也"。礼部主客司主事聂云翰（字搏羽，杨固村人，聂云志兄）"教之决"，让他自己下决心，此

117

时距赵愈光逝世已经二十八年了，最终才决定刻写墓志，并且请四大尚书之一的刘荣嗣撰写了墓志铭，是为《乡进士述南赵公墓志铭》，收录在《简斋先生文选》中。刘荣嗣赞美赵愈光说其是"古之人"，意思是古代的贤人，说自幼就仰慕赵愈光的为人品质。在墓志的铭部分写道："滏河之东，惟子之宫；滏河之士，之子是视；纫兰为裳，云胡不芳；之子犹在，与河流而未艾。"

几百年过去了，赵愈光留给后世的家训及赵氏耕读传家的家风仍在滋养一代又一代的人们，成为赵氏后人立身处世的行为准则，更是激励整个家族向着更高境界跋涉的精神动力。他的高尚品德和淡泊明志的情怀依然被传颂着，成为永恒的典范。

# 刘九成

诚悫处世蕴至性

仁爱厚道称长者

曲周县相公庄古村是冀南一带知名的美丽乡村，被称为"增福祖地"，独具人文风情。该村的张、刘、宋等姓村民占有很大的比例，其中的刘氏家族一直有着"诚悫、仁厚"的家风，视修身养德为立身、睦族之根本，耕读传家、崇文重教，并传承至今。这得从明朝时其家族中出的一位历史名人——被后人称为"刘官"的刘九成说起。

　　刘九成曾任河北迁安县教谕、山西岢岚州（今岢岚县）知州。

　　所谓"诚悫"，就是诚朴真诚的意思，待人接物、为人处世一定要真诚无伪；仁厚，乃仁爱宽厚，是仁者爱人，宽容厚道。

　　刘氏先世以农桑为业，直到刘九成祖父刘凤来的时候，才逐渐富裕起来，成为县内望族之一。父亲刘宗儒，性格豪爽，为人处世公平，在乡间很有名气，得到乡亲们的敬重，被推举为乡间管事。

　　刘九成（生卒不详），字子韶，号虞亭，自幼禀赋超常，文采出众，性情宽厚，一点也不孤傲。父亲开始对他很严厉，刘九成总是以实情应对，时间长了，父亲很放心，不再每件小事都督责。

刘九成身体高大，面色红润，神采奕奕，好读史书、汉文，著作浑厚有力，有着古人的风范。就学之后，每次考试都名列前茅，因此享受到公费的待遇。因父亲刘宗儒好客，和客人饮酒谈论，性格豪放，但却不善于经营产业，渐渐就穷困了。刘九成只好在城里租房居住，在彭氏私塾任教，以讲学授课为业，学生达到五十多名，节衣缩食靠着微薄的收入贴补家用。刘九成也喜欢饮酒，经常招待亲戚朋友来小聚，酒后心情舒畅，说的话既有意思，也很诙谐，来宾们往往被他精彩的言谈所倾倒。刘九成从不在意自己生活穷富，只是很挂念亲人，感觉自己的年纪大了，想博取一个功名让亲人欢喜，于是更加努力，珍惜光阴，刻苦攻读。不久，父亲去世，他非常悲痛，柴毁骨立，守孝期间遵循古礼。孝期过后，他参加顺天癸卯科的乡试，成为举人，虽然有了功名，而这样的荣耀亲人却看不到了，在拜谒父亲坟墓的时候，痛哭不已，血泪沾衣，身边的人无不深受感动，自后对母亲更加孝顺，连一刻也不敢离开母亲寸步。刘九成生活简朴，有时出门常自己一个人步行，戴着头巾，拿着一根手杖，没有仆人的跟随。刘家为家族大宗，每年正月初一都要聚会、续写家谱，一些穷困的族人也来赴宴。刘九成在家里建了一个小宅院，当作书馆，里面收藏了很好多书，自身勤奋阅读，依然在城内私塾教学，还是老书生的性情。不久，母亲也去世了，守孝完毕，头发掉了好多，足见他伤心过度。

明熹宗天启年间，刘九成出仕，先是出任永平府（府址在今秦皇岛市卢龙县）迁安县教谕。当地的士子看到他有气概，很亲切，也很有学问，都很高兴。刘九成亲自教授，讲解学问，细致入微。

刘九成任迁安教谕三年，之后升任山西太原府岢岚州知州（管辖今山西省岢岚县、岚县一带）。该州位于山西省

清同治《曲周县志》中的刘九成传书影

的西北部，可谓处于"万山之中"，又是边疆之地，非常苦寒，没有什么经济收入，无稻米鱼盐之利，还经常闹灾荒，哀鸿遍野，赋税常常达不到规定的额度。"催科之檄，纷如雨下"，刘九成"仁心为质，鞭笞不忍"，不忍心强迫穷困的百姓缴纳税赋，也不忍惩罚百姓，加上又值灾荒年份，"多方抚辑"，"时军兴需饷，部谍急征"，刘九成说："吾终不以万命易一官。"意思是我不能不顾老百姓的死活来换取官位，于是就辞职回家。上级认为他很有能力，极力挽留，而他去意已决，从此不再做官，绝意仕途。在任知州二年，为百姓做了很多实事，留下了很好的官声。《岢岚州志·卷之六·秩官》评价道："忠厚诚悫，不愧长者。"

刘九成回到原籍曲周后，"居家制行醇笃"，教育子孙，

123

刘荣嗣《简斋集》中回复刘九成的书信

怡然自得，不以个人一点私事惊动官府或他人。对庶母很孝顺，对异母之弟有养育之恩，兄弟终身没有分家。这些都是当时的道德典范。刘九成晚年喜欢佛家经典，注解了《楞严经会解》，手抄了《圆觉经》《金刚经》等，对佛教有独到的见解。

因为母亲身体欠佳，常年有病，刘九成自中年起开始潜心医道，研读《素问》《难经》等医书，掌握了李东垣、朱丹溪的医学理论，以旧医方为本，结合自己的见解，亲自配方抓药，救人无数。他常常说："病人吃了药，做医生的也觉得轻松。"虽然年老，丝毫不倦。后来担任总理河道、工部尚书的刘荣嗣是本县四夫人寨村人，当时在山东做官，写信给刘九成说："听说你回家做了药王，简直就如同范仲淹做宰相一样啊！"

刘九成为人乐观开朗，从不发愁。晚年正处于明末动荡时期，内地有李自成的变乱，关外有满洲入侵，灾疫频仍，连年饥荒，有时候连饭都吃不饱。有人为他感到忧虑，刘九成笑着说："这算什么大事啊！"后来不幸得了疥癣，多年都没有治

124

愈，十分痛苦。直到弥留之际，仍不见他一丝害怕的样子，只是说："生死很平常啊！"享年七十九岁。家里贫穷如洗，没钱安葬，在朋友和知己的帮助下，才料理了丧事。

刘九成长子刘逢源，贡生，是清初著名诗人，为风靡一时的河朔诗派代表人物，很有名气。

清光绪《广平府志》中的刘逢源传书影

时至今日，在社会上，有关"刘官"的传说故事很多。在先贤、清官刘九成教化滋养下的相公庄古村，不仅展现出良好的家风民风，也激发起生生不息的进取活力，人心向善，人才辈出。

**刘荣嗣**

无惧祸福担大任

虽死不悔为家国

曲周县大河道乡西四夫人寨村，在明朝出了一位工部尚书、河道总督，名叫刘荣嗣，因其职务是治理河道，官职被称为"总河"，因此后人提起刘荣嗣，总称之为"刘总河"。

数百年来，刘荣嗣家族有着良好的家风家训，对后世影响深远，也造就了四夫人寨古村浓厚的文化气息和淳朴的村风民风。

四夫人寨村的刘氏始祖刘真，明朝洪武四年奉诏从山西洪洞县迁移到曲周县落籍为民。相传，刘氏最先的落脚地点是在白疃店村，后来刘家喂养的一匹白马经常自行出走，每次都到四夫人寨这个地方。刘真认为这是天意，就改迁到此。从此之后，在四夫人寨村开创了一番事业。

刘真迁居四夫人寨村后，白手起家，勤于耕作，经过几代人的努力，使得家庭状况逐渐有了起色。财富充裕之后，开始教育后代读书上进，以耕读传家为门风。六世刘贤，监生；七世刘选（刘贤之子），增贡生。四夫人寨村刘氏开始步入书香门第。八世刘荣嗣达到了刘氏仕途的顶峰。

刘荣嗣（1570—1638），字敬仲，号简斋，别号半舫，声

刘荣嗣画像

名显赫，功绩卓著。他是万历四十四年丙辰科进士，授户部主事管银库，累官吏部验封司主事，考功司、文选司、稽勋司郎中，山东参政，山东左布政使，光禄寺正卿，顺天府尹，户部右侍郎，直至工部尚书、总督河道，右副都御史、提督军务。

从刘氏家族来说，刘荣嗣是刘选次子，长子是刘荣祖。刘选夫妇去世得早，刘荣祖兄代父责，担起了抚养弟弟刘荣嗣的重担。史书上说他"司空（古代官名，这里指刘荣嗣）幼失怙恃，且多病。荣祖提携特抱，饮食教诲，曲尽友爱，司空亦事之如父，家庭中蔼如也"。意思是刘荣嗣幼小时，父母就去世了，身体也不好。大哥刘荣祖抚养教诲，竭尽全力，刘荣嗣事兄如父，家庭十分和睦。

## 国士之目　才华出众

刘荣嗣少年时就非常聪明，十岁能文，年纪稍长后就博览群书，在古文诗词上很下功夫。每次考试都名列前茅，十九岁考中了庠生，"下帷发愤，潜心大业"，更加发奋学习，立志在科举上有所成就。当时的广平府知府南居益（后任福建巡抚）和司理张凤翔（广平府属官员，掌狱讼等事）对他非常关心，以"国士待之"，所谓"国士"，是指一国中才能最优秀的人物。一时名声鹊起，誉满州郡，"乞文者户外之履常满。"各地前来向他请教及向他求写文章的人每天都络绎不绝。

## 矫发饷银　担当为国

万历四十三年（1615），刘荣嗣考中顺天乙卯科举人，次年丙辰科进士及第，被授户部主事之职，管理银库。当时，关外满洲的努尔哈赤已经称汗，建立了"后金"政权，"时辽事孔亟"，不断向明朝进行武装挑衅，战火烧到山海关一线，形势十分紧张，"外解不至"，前线非常需要军饷。但由于明朝的政治腐败，党争不断，当时的户部尚书居然撺掇皇帝拒绝发饷，刘荣嗣和部中同僚鹿善继，"矫诏发金花银济山海军饷"，假传皇帝的诏书，把库银发到了前线。明神宗知道后十分恼怒，派一个太监来诘问，刘荣嗣只是淡淡地说了三个字："已发矣！"由此可见，刘荣嗣为了国家的利益，早把自己的荣辱祸福置之度外了。内阁首辅赵南星认为刘荣嗣是一个敢作敢为的人，便上疏皇帝，举荐重用，万历庚辰年调任吏部验封司主事。吏部是主管人事的国家机关，验封司掌封爵、世职、恩荫、难荫、请封、捐封等事务，后历任吏部考公司、文选司、稽勋司郎中。在平常人的眼里，吏部主管人事，是一个大肥缺，而刘荣嗣清廉自持，一尘不染，"虽门不设棘，而苞苴不通。山公之启，一时称得人焉"，"人称水镜"，把他比作清水和明镜。

## 道义相劝　反对阉党

刘荣嗣个性简静，与他交往的都是一些杰出的士人君子。

他尤其与杨涟、左光斗、鹿继善等过从甚密，结为知音，"道义相勖"，常在一起议论时政，吟诗作文。

刘荣嗣在会试的时候出自大名成基命（谥号文穆，崇祯年间曾任内阁首辅，人称成阁老）的门下，他十分尊重老师的教训。成基命触犯了权宦魏忠贤，刘荣嗣在朝中受到了排挤，天启丙寅年出京任山东参政。天启后期，山东直隶交界处的曹州濮阳一带，白莲教徒众叛乱，大有燎原之势。刘荣嗣到任后，默授方略，派遣守备杨御蕃擒斩了白莲教的首领黄步云等百余人，地方得以安定。当时魏忠贤的势力几倾天下，生祠遍布全国，山东省当局也准备卜地修建，刘荣嗣说："阉党恶贯满盈，气数已尽，恐怕不能长久了，我们应该暂缓此事。"果然，没过多久，明熹宗驾崩，崇祯皇帝即位，魏忠贤很快就败落了，自尽而死，原来追随阉党的人都受到了惩罚，人们都佩服刘荣嗣具有卓越的政治远见。

## 兄弟友爱　近古所稀

刘荣嗣与兄长之间相互友爱，"田荆姜被，近古所稀"，为人称赞。明熹宗天启元年，刘荣嗣获假返乡，为了报答兄嫂的养育之恩，用自己的薪俸为大哥刘荣祖在曲周城内购买了一座新的住宅，自己却在城内的一隅简单地构筑了茅屋竹墙，草草结构，取山林风致。当时的曲周知县、山东莱阳人高出很受感动，亲自书写了"友于堂"的匾额；华亭的文学家兼书画家陈继儒把刘荣嗣与刘荣祖弟兄之间的亲情友爱事迹写了两篇文章，一篇叫作《埙篪录》，另一篇叫作《题孝友为政册》，以示钦佩。大哥得了病，刘荣嗣亲自祷告神灵，愿以身代。大哥刘荣祖去世后，刘荣嗣把侄子当儿子一样相待，将自己的财产平均分配给儿子和侄子。

## 顺天府尹　京师肃然

崇祯元年（1628），刘荣嗣任山东左布政使。崇祯三年（1630），任光禄寺正卿。崇祯五年（1632），晋升为京师顺天府尹。当时正是崇祯初年，皇帝很想有一番作为，所以也算英明。刘荣嗣虽然用法平恕公允，却也是执法严明，一丝不苟。因此许多达官贵人和皇亲国戚都不敢胡行，"京师肃然"。顺天府的文人贤士刘去华、贾浪仙、张桓侯、郦道元、张茂先等人，都为刘荣嗣写下了很多赞美的文章。

## 挽黄治洳　倾尽全力

不久，刘荣嗣升任户部右侍郎。这一时期，"河政大坏"，"河政"是指疏治河道、修筑堤岸等治水事务，多指治理黄河。当时黄河连年决口，运河淤塞，南方的粮食无法运抵北京，因此可谓"河政败坏"。为了治理黄河，朝廷加授刘荣嗣为工部尚书，兼都察院右副都御史，总理全国河道，并提督军务。到任后，协同总督漕运杨一鹏勘察河道，建立分洪河口。

刘荣嗣不顾天气寒冷，以身作则，身先士卒，带领各司道官员深入实际，把船只停留在黄河的冰雪中视察险情，并亲自督工，加快筑堤、修闸的进度，历时一个月，便完成了这项巨大工程。崇祯七年秋，黄河长山段决口，流向北方，灌水入泇河。崇祯皇帝下旨进行治理，刘荣嗣会同漕运总督、巡抚及按察官员一起考察调研，预算用银五十三万两。在施工中精打细算，合理用工，整个工程仅用银二十八万八千多两，为朝廷节省了近二十四万两银子。工程完工后，上奏朝廷，"奉旨劳绩可嘉着与题叙"，受到皇帝的表彰。

## 上疏直言　奸党构陷

崇祯八年（1635）正月，高迎祥所率领的起义军从河南向安徽的寿州、颍上一带进攻，义军的一支扫地王张一川攻占了明朝的中都凤阳。凤阳为明代的"龙兴之地"，是明太祖朱元璋的老家，朱元璋父母的陵墓就在这里。凤阳设有留守司以及班军、高墙军、操军和护陵新军六千余人。中都城池倾圮，几无防守可言，时任兵部尚书的张凤翼即请敕凤阳巡抚加强防备。但凤阳巡抚杨一鹏、巡按吴振缨昏庸无能，守陵太监杨泽唯财是贪，皇陵指挥使侯定国恣横暴虐，激起凤阳兵变，成为刀下鬼。城内市民忍无可忍，怒烧太监署，聚众执香前往颍州迎接农民起义军。起义军先秘密派遣三百壮士扮作商人、僧道、乞丐等入城。时正元夕，城内仕女如云，笙歌贯耳，一片

135

升平气象。至此农民军里应外合，官兵无一人抵御，高迎祥部顺利占领凤阳。

农民军对凤阳大肆掳掠烧杀，并且放火烧掉了明朝皇帝的祖陵和龙兴寺，杀死留守署正朱国相，歼灭官兵四千余人。这场发生在凤阳的变乱被称为"凤阳之乱"。总漕杨一鹏负有绥靖地方的责任，但杨是当时内阁辅臣、礼部尚书兼东阁大学士王应熊的老师；凤阳巡按吴振缨是内阁次辅温体仁的姻亲，两位阁老因此都想庇护杨一鹏、吴振缨，竟然把杨、吴两人的奏折藏匿起来，不让皇帝知道。此时，刘荣嗣正在河直口驻防，有一个在凤阳守护皇陵的温姓太监，亲身经历了这场事变，有事北上京师，路过直口，面见刘荣嗣。那个太监痛哭流涕，泣不成声，讲述了凤阳失守及义军破坏皇陵的事情。刘荣嗣听后，肝胆俱裂，悲愤交加，急忙写了一篇奏折，飞马连夜送往北京，上报崇祯皇帝。崇祯帝并不知道首辅王应熊和次辅温体仁有意包庇杨一鹏、吴振缨而扣压了他们的上报奏折，结果知道此事后，大为震怒，痛心疾首，认为皇陵被掠是奇耻大辱，愧对列祖列宗，一怒之下，把总漕兼凤阳巡抚杨一鹏下狱论死，弃首西市，巡按御史吴振缨遭到遣戍，并且下诏罪己。首辅王应熊见事情败露，把怒气撒在了刘荣嗣的身上，"衔恨入骨"，想对刘荣嗣加以报复，寻机中伤，便建议皇帝以刘荣嗣代理总漕杨一鹏的职务，"命公带总漕印务"，驻防泗州，保护明朝祖陵，想假借义军之手陷害刘荣嗣。刘荣嗣到任后，率领总兵官王佐才等日夜操练军马，严防死守，发誓以死守护。

义军听说是刘荣嗣在守卫，望风西遁，不敢侵犯，明朝的留都金陵得以保全。崇祯皇帝十分高兴，赏赐给刘荣嗣内帑银二十两。

## 罗织罪名　天下奇冤

　　首辅王应熊无计可施，就授意巡漕御史倪于义弹劾刘荣嗣"挽黄治泇"时"欺罔误工"，欺瞒皇帝，贻误工程的进展等，向刘荣嗣发难。接着，南京给事中曹景参因过去曾向刘荣嗣请托办事被拒绝，也是怀恨在心，和倪于义勾结一起，两人一唱一和，诬陷刘荣嗣，上疏皇帝，皇帝下"提问之旨"。刘荣嗣辩白说："挽黄治泇并未失策；钱粮出入，有账可循，皇帝英明，自有判断，不会黑白不分的。"崇祯皇帝也了解实际情况，

清光绪《广平府志》中的刘荣嗣传书影

137

本想以微罪遣归刘荣嗣，但朝中政敌不依不饶，竞相陷害，锻炼罗织，皇帝便把刘荣嗣下诏狱（诏狱，主要是指九卿、郡守一级的高官有罪，需皇帝下诏书始能系狱的案子。就是由皇帝直接掌管的监狱，意为此监狱的罪犯都是由皇帝亲自下诏书定罪），不闻不问，不审不判，在监狱中被无辜地扣押了三年，直到崇祯十一年（1638），才被保释出来，最终愤郁成疾，五个月以后的一个冬日，刘荣嗣病故，享年六十八岁。

刘荣嗣墓志铭

崇祯十六年（1643）癸未春，兵部尚书张国维以总督河道进京面见崇祯帝，张国维是当初刘荣嗣治理河道时的同僚，深知刘荣嗣的为人，他向皇帝反映了对刘荣嗣的指控都是不实的，"挽黄治泇"已经见到了效益，"方冀一照覆盆，国事遂不忍言"，才给刘荣嗣平反昭雪。不久明朝就灭亡了。后起的南明朝廷也给予"复官荫子""与公恤典"的待遇，才算彻底还刘荣嗣以清白。

# 文坛领袖　诗画巨擘

刘荣嗣为人很有涵养，"喜怒不形"，与人交往"有始终，不以存亡异心"，喜谈"节孝事，每闻辄旌表"。

刘荣嗣"牵丝入仕"的时候，已经年届中年（考中进士时年届四十五岁），深知社会人生的不易，"忠爱感激，一饭不忘"，"挽黄治洳"之初，太史王铎（河南孟津人，明末任礼部尚书）就曾规劝他说"勿为福先，勿为祸始"，而他"笑而谢之，斯时已置身命度外矣"。结果却在这个事上吃了大亏，以致丧命。

刘荣嗣为官清廉，为弟孝悌，为父慈祥，政治文学，皆是一流，可谓一代"完人"。他是当时北方诗词之宗、著名文坛领袖，诗有数种行世，品在钱刘（唐代诗人钱起、刘禹锡）之间，开明末清初河朔诗派的先河。在被皇帝囚禁的时候，江南著名诗人钱谦益当时因"阁讼系狱"，也被下了诏狱，每天都与刘荣嗣唱和吟咏。刘荣嗣又是著名的书画家，其书法早年学习钟繇、王羲之，晚年学习苏东坡，又具有自己独到之处，偶尔也作画，有云林（元朝画家倪瓒，号云林居士）笔致，人争宝之。他的诗集合称《半舫集》，著作合称《简斋全集》。

刘氏家谱原有详尽的家规篇目，并在长期的治家教子耕读实践中逐渐丰富了家规家训的内容，遗憾的是在"文革"中，家谱被毁，成文从此没有办法展示在后人面前，但从刘荣嗣的

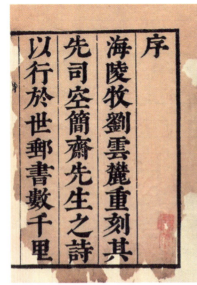

刘荣嗣《简斋集》书影

传记、著作、诗文等方面还能看出一些端倪。如他教导后人要读书上进、忠厚传家、清廉正直等内容，如影随形，耳濡目染，还一直在无形地影响着后人们的工作和生活。

# 路振飞

## 公善存心有正气
## 忠贞谋国终不悔

在曲周县城南白寨乡叶庄与陈庄西南部的庄稼地里，有一块地方在地表看上去只是略微隆起，比其他的地界要高一些，耕地的时候，还会挖出一些残砖碎瓦，原来这里有一个古村落，名叫"路庄"，这个村落就是路振飞家族原来的庄园。

公善书院是路振飞设立的义塾，位于曲周老县城东门外原文化馆，匾额为明朝著名书法家王铎所撰写，曾经培养出很多优秀的人才。与公善书院毗邻的是路振飞的祠堂，也称"路文贞公祠"，为路氏家庙。康熙年间，著名的思想家顾炎武曾亲临曲周，在这里拜谒这位对之有恩的明朝大臣。留下了感人至深的诗文。

### 曲周拜路文贞公祠

凌烟当日记形容，闽海风飙未得从。
故里尚留旋马宅，他乡遥起若堂封。
苔生宋璟祠前碣，雪覆要离墓上松。
借问家声谁可似，只今荀氏有双龙。

坚毅宽容、忠贞爱国、清正廉洁、勇于任事的路振飞，这

143

《路文贞公集》中的路振飞画像

位曲周先贤的形象一直烙印在人们的心目之中，更重要的是数百年来路氏视修身养德为立身、睦族之根本，形成了耕读传家、崇文兴教的家风，激励着后来者。

路振飞（1590—1650），字见白，号皓月，曲周县东关村人。天启五年（1625）中进士，历任陕西泾阳知县、四川道监察御史、福建巡按、苏松巡按、河南按察司检校、上林苑良牧署丞、太仆寺丞、光禄寺少卿、都察院右佥都御史、总督漕运、淮阳巡抚及南明隆武朝左柱国、光禄大夫、太子太师、吏部尚书兼兵部尚书、武英殿大学士等职，位列首辅，是明末著名大臣、抗清人士，谥号文贞，被称为"明末文天祥"。

## 泾阳知县　勇斗权阉

路振飞担任泾阳知县之初，正是权阉魏忠贤如日中天的时候，普天下的官员几乎没有不巴结奉承的。泾阳县所属的陕西省当局的"大吏"，也想谄媚魏忠贤，要为魏构建"生祠"，并且一本正经地"卜地"，认为泾阳县的地脉好、风水佳，最适宜，路振飞坚持不可，"扬言与众"说道："既事成，物议如何！"意思是如果建成这样的祠堂，以什么来面对众人的非议，并且表示"宁以获罪，祠不可建"，最终祠堂没有建成。

泾阳人、退居在家的前吏部尚书张问达，触怒了魏忠贤集团，被"逆阉矫旨革职"，阉党假传皇帝圣旨把他撤职，魏的亲信诬陷张问达贪赃，"请下吏按问"，要求地方官审问，"命捐资十万助军兴"，强迫张拿出十万银子资助军队，"家不能完"，以

清光绪《广平府志》中的
路振飞传书影

家资抵偿也凑不够。张死后,"冢宰既卒,陕抚檄县严比",路振飞"置弗省"。

明朝对皇族实行分封各地为王的制度,瑞王的封地在汉中,"赡田派及西安",西安所辖属的几个县商议设立"王庄"。路振飞认为不妥,考虑到如果设立"王庄"的话,瑞王府将有很多的"貂使勾管",侵扰百姓,"地方且多事",于是就和大吏商议,"准纳粮于布政司",然后再详转王府,不能辄自征收,"郡邑赖之"。

流寇侵入县境,路振飞"故善骑射",亲自率领义勇,冒矢石击走之;又作《散伙歌》传军中,"以离散其党"。"客兵至",预先准备好"储粮","待于境上","县得无扰"。

路振飞在泾阳"征输有方,不取耗羡",赈济灾民,体恤监狱中的囚犯,禁止胥吏衙役下乡勒索奴役百姓。在泾阳任知县六年时间,"民咸歌乐思其泽"。

## 弹劾奸相　上疏谋国

　　明思宗崇祯四年（1631），"考绩最"，路振飞被朝廷授予四川道监察御史之职，"历差巡视太仓银库"。御史是言官，负责纠劾官员。路振飞上疏弹劾首辅周延儒"卑鄙奸险，党邪丑正"，"奸邪误国"，"上疏言阁臣宜预试"，请求皇帝立即贬斥周延儒"以清揆路"，结果"被旨且责"。不久，又上疏陈述时政十大弊端：

　　第一是"务苛细而忘政体"，即皇帝只苛求细小的事物而不关心、看重政体大事；

　　第二是"丧廉耻而坏官方"，即很多官员腐败无能，不知廉耻，败坏了官方名声；

　　第三是"民愈穷而赋愈亟"，即百姓越来越贫困而赋税却越来越繁重；

　　第四是"有事急而无事缓"，即只追求立刻见到效果却不考虑长远；

　　第五是"知显患而忘隐忧"，即只看到眼下的矛盾而不顾隐藏的忧患；

　　第六是"求治事而鲜治人"，即只要求做事的效果而很少考虑到办事人的品性；

　　第七是"责外重而责内轻"，即对外官要求严苛而对朝官和宫内管理松散；

　　第八是"严于小而宽于大"，即只严苛要求很小的事物而并不关心大事；

第九是"臣日偷而主日疑"，即大臣越来越苟且，而皇上多疑，对大臣并不信任；

第十是"有诏旨而无奉行"，即虽然有各种政令但并没有很好的执行。

这些都是针砭时弊的良言上策，切中当时朝政的弊端，但是皇帝只是把奏疏"付有司"，并不采纳执行。不久山东发生兵变，路振飞弹劾总督刘宇烈，巡抚余大成、孙元化等"败坏封疆"，涉及首辅周延儒"徇私溺职"的"曲庇罪"，但崇祯皇帝"不问"。弹劾吏部尚书闵洪学"结权势"，"树私人"，自从执掌吏部"秉铨"以来，"吏治日坏"，闵洪学"不得已，自引去"，只好辞职。廷推南京吏部尚书谢陛为都察院左都御史，路振飞"诋其丑状"，"陛遂不果用"，最终谢陛没有被任用，由是权贵侧目，"举朝惮之"。


## 福建巡按　肃贪驱夷


明思宗崇祯六年（1637），朝廷任命路振飞为福建巡按。建安县（今福建建瓯县部分，1913 年建安县与瓯宁县合并）知县徐汝骅素日贪赃枉法，残忍苛刻，靠贿赂"台司"等手段，得到前任上级的首荐。路振飞到任后，察知其贪贿情形。徐入见时，洋洋自得，神气十足，以为还会像往常一样受到上级的"赏识"，没想到的是，路振飞一见徐上得大堂之后，一声怒喝，立即命人剥下了徐的官服，列举其贪污不法的种种罪行，投入监狱，上奏朝廷，最终判决徐充军。路振飞还弹劾了多名有关"台司"的涉案官员，予以制裁。一时人心大快，那些平庸无能的官员都受到了极大的震撼，福建官场得到肃清，风气为之改变。

福建濒临东海，当地的海盗甚是猖獗。其中有一个以刘香为首的海贼集团势力很大，为害非常，还多次勾结红夷人（荷兰人）入犯内地，烧杀抢掠，无恶不作，成为危害地方安定的一个毒瘤。路振飞悬赏千金激励将士奋勇杀敌，派遣游击将军郑芝龙、黄宾卿等"大破之"，先后获得了"小埕之捷""广河之捷""料罗之捷"等战役的胜利，全歼了这个为害多年的海盗集团。捷报传到朝廷，皇上给予路振飞"加一级"的荣誉，并且"诏赐银币"。俸满后，优先以京卿录用。

路振飞为人功过分明，赏罚严格。在福建任职时，海贼嚣张，路振飞曾弹劾过巡抚邹维琏办事能力有限，"不能办，语侵之"。维琏将被罢官，命令还没有传来，维琏指挥官军打败海贼，路振飞立刻上奏其功绩，"力暴其功"，维琏"复召用"。路振飞的奖罚分明，得到当地官兵和百姓的一致好评。

## 再劾权相　义正词严

明思宗崇祯八年（1639）夏，朝廷"将简辅臣"，路振飞上奏皇帝说，"枚卜圣典，使贪缘者窃附则不光"，并说比如以前的周延儒、温体仁等人"公论俱弃"（即指周延儒、温体仁等辅臣社会舆论很差，不得人心），自从做了内阁辅臣秉持朝政以来，非但没有振奋朝纲，使得国泰民安，反而搞得"民穷盗兴"，因为"辱己者必不能正天下"。当时周延儒已经被皇帝斥退，温体仁做了首辅，对路振飞非议他的言论十分仇恨，"衔之"。不久，路振飞被调离出京，担任苏松巡按。

## 巡按苏松　革除五患

苏松巡按管辖苏州、松江一带，即现在上海、江苏南部等地。虽然这一带经济发达，民生富庶，但是赋税、徭役等方面有着很大的弊端。一是布解，又名输布；二是白粮；三是漕兑；四是收粮；五是差役，号称"五大患"，严重地束缚了当地经济社会的发展，路振飞一一设法，"以从便利"，"民困以苏"。在任之时，又免除赎锾用于建筑敌台，设置义冢，以禁止火葬，"正豪暴之罪，以雪烈妇之冤"。路振飞的清廉、为民请命，"吴民至今德之"，苏松的民众对路振飞非常感恩，为他建立路公祠以示纪念，把他载入名宦，名列"沧浪亭五百名贤"，现在路振飞的石刻画像还在那里。

## 力保忠臣　贬还原籍

路振飞为政很讲原则，"大抵须上请者，尽言告之"，即应该禀告上级的事情，一律禀告上级请求指示后才办理，从不越权越级；"可专断者，立法施行"，即可以在职权范围内处决的，从不推延塞责，立刻办理。

路振飞手迹厦门风动石

同邑（本县）总督河道、工部尚书刘荣嗣治河有功，"以言官诬劾"，被无端逮捕问讯，不久讯卒，仍被追赃二十万，他的儿子刘为可也被逮捕，死在了监狱中。路振飞"白当道缓其事"，后来卒得昭雪。

常熟县（今江苏常熟市）的奸民张汉儒受"政府主使"（政府指当时的执政者），"伏阙奏"，亲自跑到北京向朝廷构陷举报钱谦益、瞿式耜（钱、瞿都是周延儒、温体仁的政敌），皇帝命巡按逮捕他们两人。路振飞上疏"白其诬"，温体仁"坐振飞失状"，路振飞辩白无罪，语刺温体仁，体仁十分恼怒，故意激怒皇帝，"拟旨切责"，"降三级"，"及复命"，"遂有皋幕之谪"，被贬为河南按察使检校，钱谦益作《送曲周路侍御之官中州，路曾抗疏为余伸雪牵连谪官》：

> 台柏空余一院阴，清时珥笔正如林。
>
> 诤臣岂为移官虑，明主安知护法心。
>
> 客路孤花如我在，天涯芳草为君深。
>
> 梁园自古风流地，憔悴休为逐客吟。

不久之后，路振飞回到原籍曲周闲居。路振飞在原籍家居之时，捐资补修县学文庙，设立义学，取名"公善书院"，请著名书法家王铎撰写了匾额，并在河东十方院后购置田地五十亩，当作义田，以教乡里子弟。崇祯戊寅年（1638）、辛巳年（1641），曲周两次受到入关清军的侵扰，路振飞辅佐知县守卫城池，并且散尽家财犒赏士卒，尽伐家园林木为藩，决水以为固，县卒保全。

之后，路振飞入京为上林苑良牧署丞、太仆寺寺丞，又任光禄寺少卿。

## 镇守淮安　江南屏障

崇祯后期，关外的清军常年入塞，攻破长城，侵入内地，"蹂躏三辅"，掠夺北直、山东等地；内地的"流寇"蜂起，各路起义军则横行于中原，群盗充斥，道路梗塞。淮安是转漕要路，"神京咽喉"，"贼则常常窥伺"。崇祯皇帝十分忧虑，"素知公才"，崇祯十六年（1643），朝廷擢升路振飞为右佥都御史、漕运总督，驻守淮安。皇帝亲自召对，路振飞向皇帝"面陈事宜"，"上嘉纳"，"赐金币"，路振飞"疾驰至淮"，"莅任徐州"。当地的土贼程继孔、王道善、张方造等劫掠州县，"连年复固"，路振飞授计淮徐道何腾蛟，副将金声桓、马得功等，"先后擒斩之"。"时流寇势益张"，路振飞派遣金声桓、刘世昌等十七名将领"分道河防"，西北自徐州、泗州、宿迁，东至安东、沭阳等要塞处都派兵固守，相互声援，声势相接。又命在两淮之间，组织民团，招募乡勇，"犒以牛酒"，并且制定条规，"乡勇不登军籍"，即不督促强迫操练，不调遣，只保卫乡土，随便演练，也成为一支达数万之众的劲旅。

明朝的福王、周王、潞王、崇王四大宗室亲王因躲避李自成的闯军，同一天抵达淮安，大将刘泽清、高杰等人放弃了他们的防区而南下，驻扎在淮南、宿迁之间，路振飞一一接待。京师北京已经陷落，崇祯皇帝自缢殉国，但明朝在南方的统治还在，所谓"国不可一日无君"，依照继统法则，路振飞致书留都兵部尚书史可法，主张"伦序当在福王，宜早定社稷主"。福王朱由崧在南京即位登基，是为南明弘光王朝。

前明朝官员、河南副使吕弼周投降了李自成闯军，被封为节度使，闯军让他来伐路振飞；进士武愫投降闯军，被任命为防御使，闯军让他去招抚徐州、沛县一带。闯军的将领董学礼占据了宿迁。路振飞派遣军队讨伐他们，擒获了吕弼周、武愫，董学礼败北远逃。路振飞令军民把吕弼周在法场上用高杆吊了起来，"命军士人射三矢"，然后把他从高杆上解下来，"磔之"。武愫则被捆绑起来，在市场上鞭打八十，投入囚车中，"献诸朝"，"伏诛"。一时之间，两淮成了抗击闯军和清军的最前线，且"江淮保障，屹如金汤"，有人把路振飞称为宋朝的"张魏公后一人"。张魏公是南宋的名将张浚，抗金名将。

## 退守洞庭　待机报国

五月，南明弘光朝廷的执政马士英为了培植党羽，欲用亲信田仰，把路振飞罢免了。而此时，路振飞也遭母丧，按照制度应该回原籍守制，但是家乡曲周早已沦陷到了"闯军"之手。关外的清军也进入内地，因此没有办法回原籍，无奈"流寓苏州"。后来江南大部分地区被清军占领，"公保洞庭山"

（洞庭山即今太湖洞庭东山，在苏州城外四十里）。"洞庭素称沃饶"，加之为太湖环绕，"舟师环聚"，很多人都想占据这个地方，路振飞率领家丁及乡兵多次打退他们，等待时机继续报效明朝。

## 隆武首辅　孤臣尽节

路振飞担任漕运总督时，有一次到中都凤阳，拜谒明祖陵。当时明朝宗室唐王朱聿键"方以罪锢守陵"，意思是被罚监禁在皇陵里。唐王朱聿键原来的封地在南阳。由于关外的清军队屡次入侵内地，崇祯九年（1636）京师北京戒严，唐王率属下护军勤王，被大臣弹劾私离守地，"有违制出师"，被安置"凤阳高墙"，受到看守皇陵的太监和管理监狱的官员的百般虐待，还不时克扣唐王的衣食用度，"有司廪禄不时，资用乏绝"，过得十分困苦。当时有"望气者"说，"高墙有天子气"，言于路振飞。

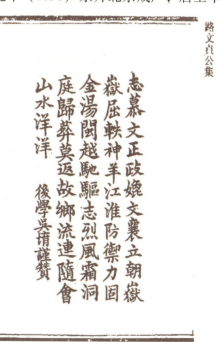

《路文贞公集》中的路振飞像赞

155

路振飞"假赈罪宗，赡以私钱"，对唐王很是照顾，馈赠丰富。路振飞上疏朝廷，请求概宽罪宗。南明弘光政权成立之后，发布大赦，唐王得以出狱。唐王被赦免出狱后避乱南奔，向浙江、福建进发，还给路振飞写信，勉励他要恢复大业，"毋轻一死"。

清顺治二年（1645），清军攻陷南京，弘光王朝覆灭。唐王朱聿键"自立"于福州，登基称帝，建立了南明隆武政权。因路振飞与唐王有恩，唐王加封其为都察院左都御史。下诏特谕："守困恩官路振飞，非仅一时豆粥麦饭之恩，察访莫遇，昼夜为思。能访致者赏千金，与五品京官。"意思是能招募路振飞至福州的人，如能招来，加官五品，赐千金。吴江县诸生孙可久（也有记"久中"）上言，"昔曾闻其寓于洞庭，踪迹可据，但往访之"。是年冬天，访而得之。路振飞赴召，半路上就被任命为太子太保、吏部尚书兼兵部尚书、武英殿大学士。路振飞抵达福州后，唐王大喜，立刻授予孙可久都督府经历的官职，兑现承诺。路振飞入阁办事，三子路泽农，是年十七岁，入朝，赐名太平（后授锦衣百户，改兵部职方主事，寻转广西按察使金事），即刻设宴招待，宴席一直进行到夜半时分，唐王亲自"撤烛送归"，"解玉带赐之"，并且加封路振飞的一个儿子为职方员外郎。又"录守淮功"，"荫锦衣卫千户"。唐王一心想恢复明朝在全国的统治，"每责臣怠玩"。路振飞进言说，"上谓臣僚不改因循，必致败亡。臣谓上不改操切，亦未必能中兴也。上有爱民之心，而未见爱民之政；有听言之明，而未有听言之效。喜怒轻发，号令屡更。见群臣庸下而过于督责，因博鉴史书而务求明备，凡上所长，皆臣所忧也"。其言"曲中王短"，"皆切中时弊"，但是唐王受制于郑芝龙等，并不能自主，因此也不能实施，"事格不用"，隆武政权只是勉强维持而已。路振飞"在政地前后仅两月"。顺治三年（1646），清军占据闽北的仙霞关，唐王朱聿键败走汀州，路振飞没有来得及赶上。汀州失守，唐王被杀。路振飞"走居海岛"，避居在福建东山、厦门、金门等地，继续组织义军抗清。这些地方到现在还留有很多他的碑刻遗迹。

## 矢保南明　死而后已

顺治四年（1647），应南明永明王（桂王）朱由榔召，路振飞一路颠沛流离，"入鲸波，犯飓风"，"飘摇海外者久之"，前去投效，"悲愤疾作"，最后在广东顺德陈村病逝，"赍志以殁"，"天下惜之"。遗疏陈时政四要，永明王"震悼嘉纳"，命宣付史馆。路振飞死后，安葬在太湖洞庭东山，并没有回葬曲周。原东关路氏家庙（二零门市部后院）现存《敬照镌云醉桂观察为先文贞公于江苏封山墓道刊立德政碑记》石碑，记载了此事。

路振飞一向留心世务，曾经说过，"居官而德泽不加于人，何贵乎为官"，意思是当官不能给人民造福，还要当什么官呢。他自从"宰百里"，做一个县的知县，到"持斧建节"，做执法的御史及一方的总镇乃至首辅，都做得有声有色，"皆有声绩"，其中"守淮之功为最"。在《自奉捍御无功之旨回奏疏》中道："臣承

道光年间《路文贞公集》封面

乏漕抚，地冲水陆，时值艰危，自闯逆犯阙，省直、督抚、镇将弃职逃窜者皆取道淮阳，风鹤惊人，所在岌岌。此时调骄悍之将卒而收其用，鼓怯懦之士民而作其气，遏乘胜长驱之寇氛而歼除之，以廓清境土，为臣之所为者实难！唯仗皇上威灵，文武效力，乃克成功。若以捍御责臣，臣诚有不胜诛者。"史可法也曾上疏说："抚臣亲在河干，与民共守，声势之壮，屹如长城。碎伪牌，斩伪吏，所遣诸将，各有斩获。又恢复宿迁，贼将宵遁，江南奠安，实赖此举。其有功于国家甚大。"说的都是事实。

清顺治十六年（1659），南明永历十三年，时年七十八岁的前明故臣钱谦益为路振飞墓地神道碑撰文，是为《路文贞公神道碑记》。钱谦益在《与侯月鹭书》中说道，"文贞公墓隧之碑，表扬忠正、指斥奸回，定公案于一时，征信史于后世"。

路振飞能文善诗，著有《两按摘略》《抚漕奏议》《非诗草》《三树斋语录》《白玉斋稿》《路见白诗》等，部分著作已散佚无存。

# 聂 氏

力田多获家渐富
敦诗说礼文运昌

聂姓集中居于曲周县西杨固村，是一大户人家，据传在村内生活已有六百余年，现已繁衍分化为多支族派，有的迁往别处居住，但同根同源，先人祖辈皆源于此村，有"聂姓不乱辈儿，同为聂姓不结姻"之说。村中还有聂氏祠堂（家庙），每逢春节之时，在其内即悬挂一吊挂，上面是这样写的：

　　　　原籍山西古上党，明初奉命迁曲梁。
　　　　日止日时于何地，爰居爰处杨固乡。
　　　　力田多获家渐富，敦诗说礼文运昌。
　　　　四世泮宫采芹禧，六世秋闱姓名扬。
　　　　七世昆季振家邦，衣紫腰金列朝房。
　　　　不阿权贵推礼部，一尘不染都水郎。
　　　　更有守节贞烈女，可比柏舟入祠堂。
　　　　报国承受先祖祠，各宜赞续继流芳。

　　这十六句的联儿有着韵脚，朗朗上口，简述聂氏一门来龙去脉及重要人物事件，可谓言简意赅，也可说是对聂氏家规家训的一个很好的概括，也就是"力田多获家渐富，敦诗说礼文运昌"。

"力田多获家渐富"："力田"，辛勤耕种；"多获"，收获很多；句意，（家人）辛勤耕种，收获很多，家庭逐渐富裕（殷实）起来。"敦诗说礼文运昌"："敦"，勉力；"诗"，《诗经》；"礼"，《周礼》；"敦诗说礼"，诚恳地学《诗》，大力讲《礼》。中华传统国学强调要按照《诗经》温柔敦厚的精神和古礼的规定办事；"文运昌"可理解为读书人越来越多，有学问的人也越来越多，通过读书、科举考试获得功名的运气越来越昌盛。句意，（除耕种外，家中还让孩子们）非常诚恳地研读《诗经》，学习《周礼》，家中文运，日益昌盛，做官的人也层出不穷。

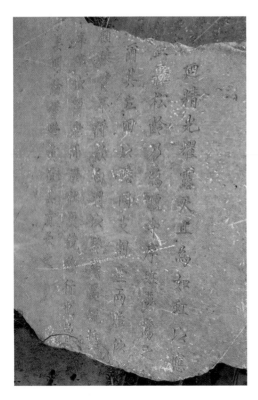

杨固村聂氏明代诰命碑

聂氏的先祖世居山西省上党地区，明成祖永乐年间迁居曲周。迁曲始祖名叫聂士诚。二世聂兴。三世聂文，"富而好施"。聂氏迁居曲周，到了聂文时"聂姓始著"。四世聂景岩，开始读书上进，被称为"泮宫采芹"（古时国家的

162

高等学校，内有泮水，入学则可采水中之芹以为菜，故称入学为采芹或入泮）。五世聂鉴，太学生，有文名。六世聂鹤龄，号仁山，举人；聂松龄，太学生；聂乔龄，字顺卿，主薄，封主事，赠郎中，"聂氏三龄"被称为"聂氏三山"，很有名望。七世聂云翰、聂云志兄弟为乔龄之子，云翰曾任礼部主事，云志为都水司郎中，为官都清正廉洁。云翰之子聂明瑚，妻子霍氏在丈夫死后，矢志守节，官方建"柏舟"坊旌表。下面着重对聂云翰予以介绍。

聂云翰（1565—?），字搏羽，别号化南。自幼聪慧异常，博览群书，下笔惊人。十八岁参加乡试，考中顺天乡试举人。二十八岁考中万历三甲一百五十二名进士。曾担任南直隶省昆山县（今江苏昆山市）知县、兵部职方司主事、礼部主事等职务，清廉自持，政绩卓著。

聂云翰身长七尺，容貌轩昂，《昆山志》说他"长身方面，状类神人"。初到昆山时，当地的士民"拥马首观之已心慑"，听其议论敏辩，酬客如流，私下里把聂云翰比作"严父"，并且说，有这样的好官来治理昆山，从此可以高枕无忧了。云翰到任之后，办理政务，据案挥洒，六曹的胥吏只是抱着案卷文牍等候批示签押而已，根本不给他们走私操纵的机会，因此"一无所关说"。

在任的第二年，聂云翰按照昆山的土地分为上中下三等，覆阅户籍，"坵亩飞洒不可辨"，似乎在操作上有着很大的困难。云翰说，"凡是据于官者为有田也，户清则田出，田出则役均"，意思是，凡是拘于官方的田亩都是有根据的，户数查清了，则田亩的数目就出来了，田亩的数目出来了，就能够平均赋役。于是把户口数目予以核实，按照田亩的数目一一比对，自亩零以上至百千万计，名"户头鼠尾册"。"编役自乡绅学士优免外"，一体轮当，非常公平，没有反对的，从而减轻了农民的负担。在编户的时候，见有一些僧田（属于寺院和尚的田地）与民田相错落。云翰说："赋长催租于僧，不虎狼耶？"意思说，田赋被和尚催征，这难道不是虎狼吗？把僧田收归公用，命令里甲相互轮种，用其赋税抚养孤贫者。

按照昆山过去的旧例，里甲在乡的叫作"排年"，在城里的叫作"坊长"。里甲是明代县一级统治的基层单位。岁役里长一人，甲首一人，相当于后世的村长。起初里长、甲首负责传达公事、催征税粮，以后官府聚敛繁苛，凡祭祀、宴飨、营造、馈送等费，都要由里甲供应。依据规定，排年和坊长的赋役是相等的，但由于坊长在城内，因此供应上级的用度，包括帐围和食具，受指使的次数和花费的额度，十倍于排年。坊长负担不起，有的因此而破产。云翰了解了这个情况后说："这样会使弱者怨恨旧习，而强者则可以从中渔利。"就命令取库银自为帐具，隶属会计册中，以时修缉，而坊长的责权不变，于是成为定制，"坊长之困永除"。

聂云翰莅事精敏，至于纤毫，莫不毕举。在修缮昆山县城墙的时候，共要维修的长度，所用砖、灰、木、桩等建筑材料的多少，民夫多少名，费用多少，需要损补挪移多少，都能够屈指筹之，连算盘都不用，"以为神"。有一个衙役曾经逮捕了一个盗贼，结果一审问，这个盗贼家中居然有二百多亩的田地。云翰问衙役："若隶也，而田二顷耶？"衙役狡辩说是其祖业，云翰笑着说："这昆山的盗贼大概是从其祖父时候就开始了吧！"一言就洞悉了其中的弊端，及时处理了这个莫须有的罪名。

聂云翰在昆山注意发现人才、培养人才，前后所录取的士人都非常优秀，曾经断言说择取的十二个人一定能考上。云翰离任后不久，这些人先后考中列名于榜者十得八九。

聂云翰在昆山，"家亲事，子视民"，"抑豪强，祛积弊"，整顿社会风气，提倡教化，数年之间，把昆山治理得"野无吹葭之警，户无夜吠之声"，可谓路不拾遗，夜不闭户。昆山的吏民都说，开始的时候以为聂云翰"为风为雷者"，却最终"为日为雨"。

聂云翰为官非常清廉，在昆山任职四年之后，上级荐举其"方正若北宫黝之无严"，北宫黝是古代齐地的勇士，非常善于培养勇气，这里指聂云翰善于培植元气，休养生息。万历乙未年（1595），入京升任兵部职方司主事之时，"贫不能制装"，昆山的老百姓为他筹集一些路费以示感恩，云翰挥之不受。

任职兵部时，"诸将吏凛凛救过不暇"。有一个昆山的盐商，一直对聂云翰感恩戴德，携带着数百金，溯淮涉河赶赴京城，欲赠给聂云翰。聂云翰笑着说，"看来你还不是真知道我的心意"。盐商非常感动，哭泣着回去了。

聂云翰后任礼部主客司主事，兼提督四夷馆。四夷馆是明代所设专门翻译边疆少数民族及邻国语言文字的机构。藩属国朝鲜知道明神宗不喜欢皇长子朱常洛，而是想册封自己所宠爱的郑贵妃所生之子朱常洵为太子，就投合皇帝的意思，派使臣上疏，要求"废长立少"。皇帝下部议（部议是指旧时中央各部内的决定），时任礼部尚书的李廷机（福建晋江人）模棱两可，群宵附和。聂云翰神色庄重，态度严肃，指出此举不可行，听闻者无不震惊，议论从此终止。聂云翰在朝为官，"数上封事"（即几次上奏密封的奏章），都是"时论所趀"，为当时切中要害相当忌讳的时事议论。宫里的太监（中贵）以利害相要挟，云翰说："臣子要在不负任使，何问他事。"意思是臣子的使命就在于不辜负任命、使命，别的事不是所考虑的。"中贵啮指退"，太监气得只能咬指头，无奈退去。四夷馆缺少一名译官，李廷机想把这个官缺给予自己属意的私人，希望超越原来的等级次序。李廷机要求马上办理，被聂云翰拒绝了，不如其愿，于是就记恨云翰。这件事即是在聂氏祠堂中流传的"不阿权贵推礼部"说法的来由。后来李廷机借京察的名义把聂云翰排斥而去。"大计中人言"，"举朝惜之"。

聂云翰晚年患了背疽症，当年同在吴中为官的袁宏道（明代著名的文学家，湖北公安人）前去探视，云翰与之谈论竟日，提及三吴一带的水利，说到吴淞口、百茅口等要害处该如何处理，怎么规划，等等。袁宏道自叹弗如。

聂云翰在昆山的行政举措也为后来者所效仿，其后任的知县是黄冈的樊玉衡，到任后，见到聂云翰所留下的案牍，高兴地说道，"吾愿为曹参"，"治悉以前任为法"，也取得了不错的成绩，在昆山被并称为"聂樊二公"。昆山的吏民为聂云翰在文笔峰巅立石碑，在荐严寺前建祠堂，并且把他奉为"名宦"，以示纪念。

"力田多获家渐富，敦诗说礼文运昌"，看似朴素的言语，却蕴含着深刻的为人处世的道理，也造就了杨固村崇文重教、文风朴茂的社会氛围。推己及人，影响绵延。

# 王 显

耕读传家重学教

品行高洁尚读书

曲周城南的安寨，历史上就是著名的商贸集散地。相传安寨本名安儿寨，其得名的由来还跟宋朝的女将穆桂英有着关系呢。而在安寨村，首屈一指的大户是王氏，明清以来，代有显达，驰名远近。这个时期，王氏名人众多。王显，湖广参政；王泽洪，饶州府知府；王泽广，武进士、守备；王泽长，偃师县知县、御史；王栋，义士；王桢，芜湖知县；王朴，南乐训导；王壎，举人。这么多名人的出现，与王氏的家风家训有着很大的关系。王氏先祖来到安寨以后，筚路蓝缕，勤谨经营，辛勤劳作，逐渐宽裕起来，耕读传家，重学敬教。明末清初的王显是这个家族家风形成的重要人物。

王显（？—1677），字纯伯。父亲王国卿（？—1634），字君佐，明儒官，曾任祭酒，乡饮耆宾，"含章不耀"，具有高尚的品德，后来以王显的功名显贵，封通议大夫、吏部文选司主事。明思宗崇祯丁丑科王显考中了进士，"释褐"（脱去平民衣服，喻始任官职），授官为山东省东昌府聊城县（今聊城市）知县。此时已经是明朝末年，盗匪蜂起，时来骚扰，王显在聊城"决水环堑以御寇"，"民用获宁"（老百姓的生命财产得到了保障）。"奏迁户曹"（升迁为户部员外郎），督查兴平

171

仓（位于今北京市平安大街东端，为明清京都贮藏粱米的官仓之一）。不久受命督查中州（河南）的剿饷（明末为镇压农民起义所用的军饷，以及为筹措这种军饷加派的赋银，统称"剿饷"）。当时，正是李自成的"闯军"盘踞河南之时，形势十分紧张。河南省城开封被围困"浃岁"（整整一年），"岁比不登"（指农业连年歉收），整个河南多"啸聚、揭竿、剽劫"（有的结伙为盗，有的武装暴动，有的抢劫），"邮传几不达"（驿传不通），社会治安非常混乱。王显手持户部颁发的印信和符节，在群寇中行走，往往是白刃交前，僵尸横七竖八地仆倒在道路两旁，从人都吓得毫无人色，王显"谈笑出入"。其历瀛州（今河北河间）、沧州（今河北沧州）、德州（今山东德州）、棣州（今山东阳信）、魏州（今河北大名东北）、博州（今山东聊城）、怀州（今河南焦作）、卫州（今河南新乡和鹤壁一带）等地"以达于封丘"（到达河南封丘县），传达朝廷的命令。封丘在今河南省东北部、新乡市西南部，差事办得非常完美，"事克有济"，回到京师后，调任吏部担任主管选拔、任用、考核官吏政务的文选司主事。不久乞假"养归"，请求辞职回到原籍奉

清光绪《广平府志》中的王国卿传书影

养母亲。

甲申年（1644）后，清朝定鼎中原，王显杜门不出，不想再出仕为官。但是，因其干练有才，朝中的大员纷纷举荐，王显不得已以河南道监察御史复出，"视鹾两浙"（视察管理两浙的盐务），地辖江苏省长江以南及浙江全境。当时两浙地区还没有全部平定，有"私载为奸利者"，王显擒获置之

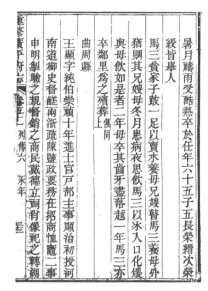

清光绪《广平府志》中的
王显传书影

以法，向朝廷上疏，对于盐务应该制定招商、恤灶及挈验、镜毁诸制度，解决了盐民的实际问题，并且都予以施行。盐民的利益得到保障，都感恩戴德，"为肖像"（为他绘制肖像），在"六桥三竺"（杭州西湖外湖苏堤上之六桥：映波、锁澜、望山、压堤、东浦、跨虹。浙江东南的天竺山，有上天竺、中天竺、下天竺三座寺院，合称"三天竺"，简称"三竺"）间，整个两浙地区都是如此。任满之后，调任苏松府（今苏州和松江地区）巡按，但以"母忧未赴"。"服阕"之后，补贵州道监察御史，转任湖广兵备道佥事，备兵下江。下江管辖着蕲州、黄州地区。这里的人性格很粗野，加之是清朝初年，统治还不稳定，因此该地区叛服不常。王显修补城垣，准备战船，部署将士依据情势击打追逐，叛军破散崩溃，有的投诚朝廷。

173

下江地区逐渐平定了下来。而功成之日，王显却辞职退归了。

顺治十年（1653），王显辞职回到曲周，在家乡种植药材，养育花草，不再过问外事。常常在家里召集县内的知名人士和诸子侄讲课，并且亲手批阅修改他们的诗文，因此培养了很多人才。有时候整车出发，或者在田园农耕，访问亲故，饮酒赋诗，世事洒然，"不问冰炭事"。在家里闲居二十五年后的康熙十六年（1677），"以寿卒里中"，而他素性淡漠，斯时"为不讴相者久之"。

王显特别喜欢读书，至老不辍。康熙年间的重臣冯溥，山东益都人，是王显的学生，在王显去世后为其撰写了传记，是为《湖广兵备王公显传》，收录在各个版本的《曲周县志》中。王显能文善诗，著有《莲馨堂诗》《按浙奏议》等。

现今，王显的后人主要分布在县内安寨，城关东街、西

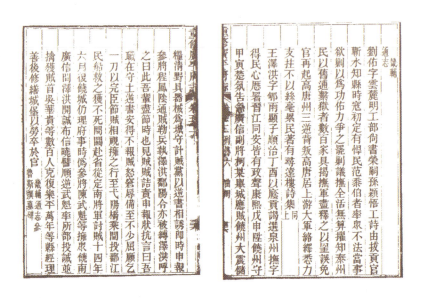

清光绪《广平府志》中的王泽洪传书影

街、北街等地，成为一个很大的群体，他们诗书传家，重礼崇文，人才辈出，分别在党政机关、群团部门、教育战线等成为社会建设的中坚力量，在繁衍生息、上进创业的过程中，也把优良的家风传习到今，王氏家风则从王氏一门走进千家万户，熏陶着人们的品格，感染着人们的心灵。

# 王 氏

清白传家著青史

数世仕宦保廉名

根据《曲周县志》及《清白堂王氏家谱》的记载，曲周东街王氏自古以来就是曲周县的本土居民，称之为"土民"。这与明初山西移民大为不同。数百年来，以"清白自持"为家训，被称为"清白堂王氏"，一直秉持着敬宗睦族、孝悌忠信、礼义廉耻、勤俭立业、修身齐家等家规家训，并形成了良好的家风。

　　受家风的影响，王氏家族人才辈出，代有闻人。他们耕读传家，尊祖敬宗，居官清廉，担当任事，奋发图强，立业报本。明清以来，该家族出现了：王介，举人，东平州知州；王体健，明末清初河朔诗派诗人、理学家；王邻、王郧是同科的兄弟进士；王庭兰、王徵兰，举人；王今远，进士，济宁州知州。清白堂王氏家族，也是曲周科举时代著名的世家之一。

# 王　介

　　王介（约1564—1625），字任轩，号念南，初名三锡。他的父亲王之藩，号屏南，以文章著称，在文学上很有造诣，"性刚直不阿"，"不谐于俗"，即性格刚直不阿，磊落而不同

清光绪《广平府志》中的王体健、王邻、王郧、王庭兰等传书影

于流俗。王家有一户邻居，家中有人在朝做官，依仗着权势，垂涎王家的家产。开始的时候，用钱财收买王氏族人，同时也想收买王屏南，但是屏南坚持不出售房产。族人十分愤怒，于是就罗织罪名加以陷害，而屏南得祸不惧，最终保全了房产，"故易世而此产岿然独存"。当时，王介"甫数龄"（年纪还很小），也经历了这场厄难。父子两个都没有什么谋生的手段，因此日子过得十分贫苦。王介虽然岁数不大，但见门户单弱，发誓努力读书，在科第上取得功名"以申先志"，下帷发愤，文日有名。童子试时为时任曲周知县的新城人王象恒所赏识。不久父亲王之藩去世，家计萧然，王介与母亲相依为命，"或日止一举火"，生活几乎陷入了困境。此时，又有人鼓动王家母子出售房产，"时虽贫"，虽然十分贫困，有谓"贫家值万贯"，如果"卖宅买地"，即卖掉房产到乡下购买土地，"犹可

180

乡间做富人","人劝公鬻产犹可自给",迁居乡下的话还可能过上差不多的生活。王介拒绝了,"念先人忍死弗敢弃",说:"我放弃家产,怎么能够见先人于地下呢?虽然贫苦,但一旦变卖之后,把金钱放入箧中,随时就可能花销掉,坐吃山空,我还能有什么呢?"包括母亲在内的亲友"一时共伟其志焉",也都支持王介的志向。王介自从父亲去世到明神宗万历戊午年考中举人,中间历经了十八年漫长的岁月,都是含辛茹苦。当时的"绅宦多鲜衣怒马"(绅士官宦都穿着华丽的绸缎衣裳,骑着高头大马,带着奴仆,十分气派),而王介"独褐衣徒步",即十多年没有穿过帛衣,平日穿的都是葛布做的袍子,脚上蹬着一双草鞋,还像过去做生员时一样,不认识他的人根本不知道他是一位举人。王介的西邻张老是一位义士,可怜王介的生活清贫困苦,曾经以一盒银器、乡下的一所田庄相馈赠,但王介却婉谢了,说,"公非知我者"。拒绝别人主动的馈送,也是当时少见的。王介对母亲十分孝顺,"事以孝闻","不能具甘旨",因为家庭困难,无法准备美味的食物,只能"蔬果承慈颜欢情深爱",以和颜恬志悦亲,从无几微见颜色,可谓色养到极致了。母亲岁数大了,且脾气严急,有时不合意,就呵斥王介,而王介毫无怨言,每日三次问安,从不改变。

之后王介多次参加会试,都没有考上进士,就不再考下去,出任定兴县(在今保定市)的教谕。科士之暇,一编自命,编著了《任轩随笔》一书。不过问与本职无关的事情,在其任上从来不干预或麻烦县令。县里的学生缴纳的"束脩"

181

从不计较多少，对于贫困者还量力周济。巡按御史吴阿衡（河南方城人，明末忠臣，曾任兵部侍郎等）到定兴县巡视，"访以时政"，王介献上三策，慷慨言天下事。吴阿衡大为惊奇，认为王介是一个人才，对他进行了推荐，不久王介被提升为山东东平州知州。县学教谕为正八品官，掌文庙祭拜，教育所属生员，与训导共同负责县学的管理与课业。知州是正五品官，可以说王介是因为才学和能力一下子被提升三级。

王介出任东平州知州后，仍然穿着原来担任定兴县教谕时的官服，"仍服学博公服"，仅仅是换了绣有白鹇的补子。白鹇补子是五品文官的标志。腰带仅仅是用银箔镀了一下而已，担任新的官职不换新官服的在历史上大概也是唯一的一例吧。东平州位于今山东省的西南部，"素号冲疲"，加之明末的兵祸之后，大部分的住户或因战乱而死，或流亡他乡，田野一片荒芜。王介征收赋税，拙于政事，勤勉工作，一丝不苟，州里的财政稍微有些盈余，俱补正项（正税），绝不润私囊。听理诉讼，审案之时坚持"款言化导，民至感泣"，并没有"金矢之入"，士民相安，"有朝暮来谣"，百姓为他作歌称颂。上级非常佩服王介的品格节操，评价说，"止用东平一杯水"，意思是他只是用了东平的一杯水，形容非常清廉。当时已是明朝末年，社会混乱，内忧外患，天下多故，提调征收粮食的檄文不断发来，如同雨下，加上正值阉党得势，朝政腐败，王介"不堪曲折"，"病矣"，"投劾而归"。"投劾"，是指呈递弹劾自己的状文，古代弃官的一种方式。回到原籍曲周还是家徒四壁，一穷二白。自己常常对着别人评价自己："吾平生无快事，唯守产不愧先人，居官不负科第，差足自慰尔。"意思是我的一生没有什么称心满意的事，只不过是保守住家产无愧于先人，做官没有辜负参加科举的初衷，勉强能够说得过去而已。辞官半年后去世，享年六十一岁。

王介去世后，他的老友、曾任林县知县的唐恒吉（赵固村人）为之作传，是为《东平州刺史王公介传》，收录在顺治《曲周县志·艺文志》中，其中对其评价："终身清约自矢，有寒士所不能堪者。世味移人，贤者不免天性淡薄，加以学问，可谓操厉冰雪，独立物表矣。"

明末清初理学家孙奇逢曾为王介作传，是为《王念南传》，收录在《夏峰先生集·卷五》；也作《刺史王公介传》，收录在同治《曲周县志·第二十卷·艺文志上》。孙奇逢评价王介并交代为其作传的因缘时说："懔懔守先世清白，迪后人俭素，学莫切于是，亦莫大于是。因念公厚德发祥，余叨夙缘，难忘旧好，遂为之传。"

顺治《曲周县志·卷二·选举志·科第》："王介，号念南，原名三锡，万历戊午科，仕至东平州知州。事亲孝，临财廉。直朴无伪，领贤书，十三年无帛。署学博，于有司无一言私嘱。刺东平，于民辞无片纸赎镪。皆当世未易见也。"

民国二十二年（1933）《曲周县志》的主编黄晨（西街人，清光绪壬寅补行庚辛恩正并科举人，候选知县，民国时期县内著名绅士）评价说："按公墓在城西里余，余尝瞻其墓，与父老谈，相传公赴东平任时，携老仆一，负行李一，归之日如故。百姓遮道攀辕者醵金以馈，公不取一文，归则贫如故

183

也。噫，可以想见古先民也。"意思是王介的墓地在（曲周）县城西一里余地（今西关木材市场一带），黄晨曾经去瞻仰过王墓。与父老乡亲们闲谈，都传说王介当年到东平赴任的时候，只是带了一名老仆，背负着一件行李，卸任归来时还是这样。在回归之时，东平的百姓攀辕相送，纷纷馈赠金银做路费，但是王介一文不取。由此可见古代贤人如此清廉自律的情形啊！

王介因其高尚的人格魅力，早在清朝初年就被入祭乡贤祠。"乡贤"一词始于东汉，是国家对有作为的官员，或有崇高威望、为社会做出重大贡献的社会贤达，去世后予以表彰的荣誉称号，是对享有这一称号者人生价值的肯定。迄于明清，各州县均建有乡贤祠，以供奉历代乡贤人物。因之，形成一套完整的官方纪念、祭奠仪式。凡有品学为地方所推重者，死后由大吏题请祀于其乡，入乡贤祠，春秋致祭。曲周的乡贤祠位于文庙棂星门与戟门之间的西面。

## 王体健

王体健（1613—1685），字广生，号清有，世称"清有先生"，明诸生，王介次子。

王体健小的时候，就为人端正诚实，安静沉稳。特别喜欢读书，十五岁就成为县学庠生，每次的考试都名列前茅。他所写的文章，切磋揣摩古代大家的质朴风范，看不上当时浮躁华丽的文学样式。他性格刚直豪爽，有经世济民的才能。

王体健虽然只是一个诸生，却有着济世的抱负。其前半生，正值明朝末年，天下大乱，兵荒四起，关外的清朝军队数次入关，直隶南部包括曲周在内的许多地方常"值兵荒，苦盗掠"，被抢掠、烧杀所苦。王体健向县令李岩建议，"决堰水，以什伍法，部署里人"。因为曲周县城的南部、东部为滏阳河所绕，把滏阳河的水灌满城壕，曲周城为大水所绕，形成一道天然的屏障。这样的话，乱兵、贼寇就不能来骚扰了。建议提出后，大家都说很难办。王体健于是就慷慨承担了这个责任，并且做得很好，使曲周城免除了兵寇掠夺的大患。王体健又在乡间实行"保伍法"，即把民众通过组织武装起来，保家卫乡，"布勒市中儿"，教导他们如何抵抗贼寇，如贼寇一到，就骚扰他们，随时追击。因此贼寇总被打散，"皆迸散不敢围城"，始终不敢来犯曲周城。特别是崇祯十一年（1638），"清军攻破鸡泽，移营贯庄。知县李岩自东南闸引水入壕。清兵分屯东桥、城南寨。兵侦骑至城西北周家坟，连放数炮击之，兵视不可攻，引去"，取得了"皆获无恙"的效果。

　　清朝定鼎中原后，王体健放弃了科举的道路，把精力集中到诗词、古文的研究上，尤其致力于理学研究。王体健与永年县的申涵光（号凫盟，申庄人）、张盖（号覆舆，东桥人）、赵湛（号秋水，大由人，今属曲周），鸡泽县的殷岳（号伯岩，小寨人），肥乡县的贺应旌（号怀庵，贺营人），本县的刘逢源（号津逮，相公庄人）等七人为诗友，组织文会、诗会，一起唱和，被称为"平干七子"。"平干"是广平府（广平郡）的旧称，因为他们都是广平府人士的缘故。他们的诗歌被称为"河朔诗派"。他们常在一起饮酒高歌,远近的人看到了,都说仿佛是香山之会和洛社那样的组织。

著名的理学大师孙奇逢在河南辉县夏峰讲学,王体健带着粮食等物资到那里求学。见到了孙先生,请孙先生收自己为弟子。当时王体健已经六十三岁了。孙先生说:"清有先生也是年高有声望的学者,我们彼此之间应该以年岁相称。"王体健"逊谢不敢居",最终孙奇逢只好答应了,"卒就北面之列"。王体健在这里做学生,受教惟谨,学业有了更大的进步,见解更加深入。孙奇逢"告以学问之事,在躬不在口。随时随事,体认天理"。此后王体健对于理学所造益深,并且撰写了《苏门游草》来记录这件事情。孙奇逢去世了,王体健亲自参加会葬,往返数百里,一点都不带疲倦的样子。之后还为孙先生服"心丧"三年,以示敬重。

王体健总是忧患师道的不确立,愚昧者顽固而不通道理,不知道道德的珍贵。有志于学的人往往局限于"卑近"而又不幸"与不如己者处",佚适而遂忘其不足,"浸假而老将至矣",意思为处于泰然的状态下,往往会在不自觉中忘记自己的不足,年华很快地老去而没有感觉。

王体健家居之时,以勤俭节约自持,即使后来两个儿子都考中了进士,仍然如故,教导子孙要谨慎节俭,不要奢侈张扬,"志得愿奢,则费广,而取不以道,人怨天谴,胥由此起",认为奢侈靡费不以道取,是受人怨天谴的事情,一切麻烦罪过都是由之而起。丁巳年(1677),长子王邻出任江南太平知县,临行的时候,跪下向王体健请教。王体健说:"今天

186

没有别的什么大道理，只是你去了，就要思考回来的道理，这样的话你即使早晨被罢官，傍晚就要回来，就是最好的了。"王邻谨受教训，每次考绩都是循良第一。（循良：旧指官吏奉公守法。）辛酉年（1681），朝廷荡平了"三藩之乱"，"荡平覃庆"，举行重大的庆典，加封王体健为征仕郎、内阁中书舍人。乙丑年（1685）十月，王体健在家里去世，享年七十三岁。后人评价他说，像王体健具有一定身份和名望的人，还虚心从师，并不顾虑自己年老体衰，真是具有可贵的求学精神；其本身又心安理得，泰然处之，一心向学，是多么的不容易呀！

王体健著有《读骚斋诗赋》《文策略》《续史怀》等集行世。其诗"以元白为宗，刊落浮华，一扫里道，耆德纯儒无出其右"。王体健晚年，讲求"性命之学"，成为著名的理学家。河朔诗派的领军人物申涵光为其诗集写有《王清有诗引》，其中云："清有先生晚笃理学，而好诗不衰，负笈苏门，触绪成咏。所谓见周茂叔后，吟风弄月，有吾与点之意也欤。理学风雅，同条共贯，惟先生能兼之矣。"

# 王 郇

王郇（1644—1703），字文益，王体健次子。

王郇年轻时桀骜不驯，很是不羁，"十九岁不治经生业"，到了十九岁还没有真正读书治学，"嗜斗鸡走马"，十分喜欢斗鸡走马等赌博游戏，"徵遂为豪举间"（豪举：举止行为豪放不羁；也指豪侠之士，谓豪侠之人互相称举，以自炫耀）。意思是来往于豪侠之间，好像不务正业，虽然如此，但是他却具有超强的领悟能力，"谈天下事已抵掌矣"。父亲王清有对此感到非常惊异，稍微加以诱导，"乃始发书诵"，次年即成为诸生，两年后考中举人，一年后与其兄王邻（后为山西隰州知州）同时成为康熙九年（1670）庚戌科进士。

王郧"长身玉立"，身材高大，体态修美，"顾眄有威"，神采奕奕，很有精神，"飒爽跌宕"，豪迈矫健，无拘无束，"流品咸物色"，好交朋友，"读书一过上口"，"文雄健有气如其人"。考中进士时，才二十多岁，乃是少年筮仕，才气冠一时。保和殿大学士王熙（顺天宛平人）对他"以国士之目"。出仕后，被授予内阁中书舍人，典试四川；后升任刑部员外郎，处理事务明信宽厚，明察宽大，公正断案，平反了多起冤案、疑案，"案无冤牍"；改礼部员外郎，政绩也非常优异。刑部尚书翁叔元、礼部尚书韩菼都与他"以文字契，相知特甚"。"久之，以宗伯大夫出补广东雷州府知府"。

王郧到任雷州后，"风采大著"，意思为使当地官场风气面貌格调为之一变。狡黠的胥吏吓破了胆，都战战栗栗，非常小心地办事。雷州濒临大海，当时还没有得到很好的开发，荒凉贫瘠，为珠崖（汉武帝于海南岛东部置珠崖郡，治今琼山县东南。元帝时废。孙吴所置名朱崖，治今徐闻县西，在雷州半岛，称海南岛为朱崖洲。晋废。隋再在海南岛置郡，珠崖治所在今琼山东南。唐改崖州，废州存郡时又称珠崖郡）门户。为了维护当地社会治安，在知府之下，又设置有十多名武官。这

188

些武官互不统辖，彼此林立，且这些军官多数曾经做过臭名远扬的强盗、大盗，后来才投诚官军的。这些兵卒的头领带领着市井无赖泼皮，游手好闲，十分蛮横，随意夺取别人的鸡、猪、饲料等，有时还白昼公然抢掠别人的钱财，不给予就使用暴力殴打。上级害怕发生变故，睁一眼，闭一眼，装作不知道，因此这些军官更加猖獗，成为一方公害。王郧到任后，"震威裁之"，"肃然如律不敢动"，"民以悉帖"，意思是说，这些彪悍的军官们再也不敢出头闹事了，老百姓的生活不再受到干扰。闲暇之日，王郧就招集这些将领在一起饮酒"角射"，讲解兵法和忠义大义。王郧讲解之时，慷慨激昂，英姿明决，尽情尽理，闻听的武官都很受感动，还有哭泣的，下决心洗心革面，不再作恶。

海滨的民众非常淳朴单纯，除了捕鱼和种植外其他知之甚少，一旦发生诉讼，打起官司的话，一些胥吏就乘机敲诈勒索，设法侵害，有些百姓因此耗尽家产，不能生活。王郧到任后，打击胥吏侵害渔民利益的行为，亲自受理诉讼，"牍朝投夕报罢"，报罢，即批罢。任内"力振颓靡"，"勒石通衢，永革科敛"，在交通要道树立石碑，勒刻政令，革除苛捐杂税。雷州处于热带地界，当地多荔子和榕树，王郧的种种善政被誉为"荔子榕荫间春风时雨浏如也"，当地的"积习为之一改"。居官不久，"以刚引去"，因为刚直而辞官。百姓知道这个消息后，"民拥哭"，"不可留"。无奈，把他的政绩刻在了石碑上，并把他奉为名宦。王郧回归老家时，仅仅是轻舟一叶，行李萧索，"时谓再见隐之云"，当时的人都说又见到真正的隐者了。

王郧归到故乡曲周后，闲居深坐，不再接交执掌大权的官员。平时"赋诗围棋"，"教子弟时艺"，教授子弟时文，手自披阅。闲暇之时，则寄之酒，"每佳晨夕辄引数十觞，愈多不乱"，醉中拈经史，分析疑义，诸家笺注贯串在一起，没有一点遗漏的。王郧为官中外，勤于职事，平常非常忙碌，"不见甚读书而渊博淹通，其天性异也"，没有见他怎么读书而学问渊博贯通，大概是其天性异于常人吧。康熙癸未年（1703）十一月王郧饮酒数觞，掀髯笑曰："丈夫不获有所建立而止此乎？"意思是，大丈夫不能够有所建树，大概就到此吧。看着服侍在身边的儿子们说："你们尽力做吧，不要坠毁我清白的声誉。"诸子侍奉在他的身侧，都不能理解他所说的意思。不久即称头昏，卧床数日后去世，享年六十岁。王郧的个性恬淡，不以富贵贫贱来区分别人，"著籍三十年"，"一归养，两丁艰，四迁官"，在宦籍中三十年，一次归养父母，两次丁艰守孝，担任过四任官职。后人评价说，好像是"位不称德，业不竞才"，事实则是"非公之故"，"可为时慨也已"。

王郧的书房斋号为"妙墨堂"，其著作为《妙墨堂文集》。因其曾任雷州府知府，王氏家谱上称之为"雷郡公"。

## 王庭兰

王庭兰（1674—1745），字谢佳，号鹤洲，王郧之子。

王庭兰自幼就很有志向，十五岁成为县学生员，二十三岁

190

考中顺天丙子科乡试，成为举人。不久，父亲王郧受朝廷的遣派，以宗伯大夫的身份出任广东省雷州府知府。雷州、曲周间隔数千里，距离相当遥远。"道远置家累去"，由于道路遥远，不可能让家属也跟着到任所。家事就由庭兰管理，经营有方，各种事务都处理得井井有条，内外和睦，母亲陈恭人也十分满意。第二年，庭兰只身到雷州去探视父亲，"一棹往省"，乘船前往，当时的岭南及湖广地区，层岚瘴雨，环境险恶，王庭兰"吊苍梧，泛洞庭"，到苍梧、洞庭凭吊。苍梧和洞庭都是古代的地名，在秦统一前，楚国就有洞庭、苍梧二郡，泛指湖广以南的广大地区。这些地区"鸟盘云栈，鳄浪鲸涛"，"探南海而窥湘衡，吞山川壮气者八九"，地势险要，风景壮观，临山傍海，气象万千。祖国的壮美山河，大大地长了王庭兰的见识。不久，奉父亲王郧回归故里。又过了三年，父母相继过世。庭兰支撑门户，深入研究四书等经史的要义，除了一些为数不多的知交外，很少有交往的人。有人劝庭兰出仕为官，他没有答应，只是专心学问，对功名利禄没有太大的兴趣。王氏一向"家故清白"，虽然是官宦人家出身，但做的是清官、穷官，虽然父亲曾经担任过知府之职，加之任地遥远，根本没有什么积蓄，去世之后家庭更加的贫困。在当时，举人是有着尊崇的社会地位的，庭兰虽然具有举人的身份，却一点也不自傲，靠开设私塾、教书授徒的微薄收入来养家自给，对于功名利禄是十分淡漠的。

很多年之后的雍正三年（1725），王庭兰才入京候选，被授予崇信县知县。崇信县隶属甘肃省，位于中国的西北部，是古代朝（zhū）那（nuó）县管辖的地界。朝那是西魏大统元年（535）设置的古县。崇信县是一座偏僻的山城，周围都是崇山峻岭，"邑环居错万山"，非常落后贫瘠，物资相当缺乏，交通不便，"舟车负贩不到"，百姓的生活困苦，连租税都交不上来。加之当时正是雍正初年，青海一带的蒙古部落发生叛乱，朝廷正在调兵平乱，各种催要物资的命令，纷至沓来。如果部署调剂一旦失当，民众就会逃亡，百姓的赋税负担就会更大，也不可能征收上来。王庭兰是一位治理能手，真心办理，处处为民着想，把纷繁复杂的事务处理得非常得当，无不适度，使百姓不受到纷扰，安居乐业，百姓对庭兰很是赞美，加之庭兰非常亲民，没有一点架子，使得本地的民众几乎忘记他是本县的长官。

王庭兰尤其擅于判断复杂的案情。西宁本地的土番（当地的少数民族部落）张伸因为分家的缘故，诬陷喇嘛张落住犯有谋逆朝廷的罪状，这个案件株连了一百来人。张落住也是张伸的族人，出家做喇嘛后，成为一个寺庙的庙主，资财富裕，徒众很多。张伸想占有张落住的财产。当地官员虽然知道这个内情，但为了避嫌，没有人为其辩白。甘肃省主管刑狱的按察使委托庭兰来办理这个案件。有人劝他不要接手这个棘手的案件。庭兰说道："犯了罪自有法律的制裁，法律也是震慑罪犯的，看到他人被屈含冤而无动于衷，还怎么伸张法律的正义呢。"最终审结了案件，还当事人以清白。在这一时期，庭兰的明断果决在同僚之中很是突出。后来因为太过耿直，得罪了上官，受到排挤。雍正八年，"遂投劾去"。辞职后，没有回归故乡，而是居住在当地锦屏山麓的开化寺数年，直到雍正十一年秋才回归故乡。

由于王庭兰为官清廉，没有什么额外收入，"抵舍日，家余三径，无一钱挂杖头，或晨炊不继，高坐晏然"，"朝抵舍，暮断炊"，从甘肃回归曲周后，就如归隐一样，没有一点多余的钱，有的时候饭都吃不上，生活贫困，依然很自得。也有说早上抵家，晚上就断炊了。时任曲周县知县仰慕王庭兰高尚的节操，是士林的楷模，想来家中拜望，庭兰素来淡泊，不想结交官员来提高身价，总以身体有疾病为由婉拒，最终也没有见面。

王庭兰品行修洁，不喜欢谈一些猥琐的语言，有时整日沉默，"无崭削崖岸之行，而岳立不可狎"，道德高深，威严肃穆。晚年谢遣外事，娱老笔墨之间。学问更加深邃而品格愈加端庄，文章也更加老辣。教育子弟"斩斩有绳律"，整肃有规矩格律。"田园十载，岿若鲁灵光也"，在家乡田园生活十年，被誉为"鲁灵光"。鲁灵光是一个典故，又被称为鲁殿灵光，比喻仅存的有声望的人物。乾隆乙丑六月王庭兰逝世，享年七十二岁。

## 王今远

王今远（1706—1760），字乘黄，号用晦，王庭兰长子。

王今远小的时候，就"颖悟绝伦"，聪明绝伦，受家学影响，学习进步很快。他从小钟情于诗词歌赋的创作。十岁的时

193

候就写作了诗集，命名作《叶余集》。后来，考中童子试，成为县学的生员。父亲被任命为甘肃省崇信县知县，随着父亲到甘肃任所，更加努力学习，丝毫没有公子哥的架势。王庭兰在崇信任职多年，罢官回到曲周，却依然贫穷，"家徒四壁"或"晨昏不继"，即家里十分的贫困，有的时候吃了上顿没有下顿。今远以教授生徒为生，"舌耕墨耨龙须友"，"敦夙好缘，箪瓢屡空"，依然淡泊自如，丝毫不为功利所诱惑。

清世宗雍正壬子科王今远考顺天乡试中举人，高宗乾隆丙辰科考中进士，随即被任命为山西省垣曲县知县。垣曲县地处大山之中，十分偏僻，山高林密，老虎等猛兽经常出没伤人，王今远消弭了虎患，百姓过上了安宁的生活。垣曲县的铜谷沟等地方过去有矿井，当事者议论想开采，今远认为此举"扰民"，"力争之，乃止"。在垣曲县任职的三年内，"究心吏治，与民休息"，公务之暇，则招诸生为文会，亲自批阅考卷，指导生员学习。"历寒暑不少懈，一时有来暮谣"。在此期间，王今远到了垣曲县的每一个地方，在一些风景名胜写下了很多的诗。几年之后，不幸的消息传来，王今远的父亲王庭兰不幸去世，依照当时的惯例，今远回家守制。

在曲周期间，王今远受曲周县令浙江钱塘人劳宗发的聘请，担任《曲周县志》的编辑，同时参与这项工作的还有进士秦铸，举人王壎，贡生王资、王贡等，都是当时的名士。乾隆丁卯年（1747），县志修成，这是曲周多种版本的县志中最为精良的，具有很高的史料价值。

王今远守孝结束后，"服阙"复出，先是被任命为山东长山县知县。"长民刁顽，健讼"。长山的民风彪悍，今远性明敏，"剖决如流，吏民摄服"，没有什么案件是可以使他感到疑难的，于是本地的吏民很慑服，东山县的民风大为改观。乾隆庚午科的山东乡试，王今远获命"分校东闱"，他所录取的生员都是有实学的人才。清高宗南巡过

清光绪《广平府志》中的王今远传书影

境山东，今远陪同上级在留智庙接圣驾，之后在新泰受到皇帝的赐宴，宴席之后，高宗赏赐了今远一匹贡绸，成为一时的荣耀。当时山东的巡抚是满洲的大贵族鄂容安（鄂尔泰之子），"性刚直，素少许可"，意思是性格刚直强毅，很少有人能够获得他的赞许，却"顾独奇公才"，即唯独赞赏王今远的才能，"送首列，荐剡（推荐）"，意思是把他推荐到首列，不久王今远被擢升为山东东平州知州。

东平州位于山东省西南部，地势低洼，历史上著名的"梁山水泊"就在这里，每年都遭遇水灾。王今远到任后，未雨绸缪，亲自督修挡水长堤七十里，又提议疏浚金线河旧渠。当地

195

的百姓认为此举不便，"具请止"，但今远认为此举乃是长久之计，仍坚持疏浚。第二年秋天，果然发了大水，因为有所预防，竟然安然无恙地度过了危险的雨季。百姓纷纷称赞，佩服王今远的先见之明。王今远与东平有着很深的渊源，原来他的高祖王介在明代万历年间，也曾任过东平知州，"著异绩"，祖孙虽然异代不同时，但优良的家风却为今远所承继。"州民纪其事，勒之石。"意思是说，东平的百姓十分感恩，为王今远树立了德政碑，以示永久的纪念。

之后，王今远调任济宁州知州。济宁城南有块一千多顷的低洼土地，常年积水，不能种植粮食作物，"民甚瘼"，历年以来还欠了官府的税款银钱达二十万之多，官府每年都催缴，百姓苦不堪言。今远到任后，立刻着手调查此事，发现问题很严重，十分同情当地百姓的不幸遭遇，"恻然白上宪"，用悲伤的心情报告上级，据实而言，恳求上级减免该地的赋税，上级"概予蠲免"，百姓甩掉了这个大负担，自力更生，发展多种经营，生活得到了很大的改善，济宁一带"里巷无追呼扰"，焕发了勃勃生机。黄河是过境山东的主要河流，河务一向是官府重要的事务。这一年，黄河不幸决口，需要大量的人工和石料等物资，上级给每个州县都制定了输捐的任务，且时间要求得很紧迫，"上下驰限期促迫"，王今远"独捐廉俸支撑不借"，捐出自己的薪俸，勉强维持，但求不扰民。后来，为本地的绅商知道了这个消息，绅商知道今远清廉，那些薪俸无疑杯水车薪，又对本地有很大的贡献，主动要求捐输，于是"资绅商力，率先诸邑集事"，意思是率先完成了这个任务。

196

王今远在济宁任内，"治狱持平，无枉无纵"。有一个邹县的衙役在济宁的一个民户家中偷盗，被民户失手打死，邹县的县令嘱托上级要求今远把济宁的那个民户治罪，今远拒绝了，说："吾握三尺法，焉能杀人媚人耶?""卒以盗论"，理清了事实。因此得罪了上级的道员，王今远对官场的黑暗腐败也产生厌倦，于是就辞职回家。今远返回曲周的那一天，济宁的老百姓都去送别，"民拥哭，不可留"，有的要挽留他，还有的人提议给今远捐资，今远"挥不受"。

王今远辞官回到曲周后，"杜门绝迹，研究经史"，有时候和一二个知己好友在一起"劈笺拈韵，寄邮筒唱酬"，吟诗作对，"不更萌出山想"，即不再有做官的想法。临终的时候，留下遗言说："吾墓，勿书官阀。志曰'诗人'足矣!"意思是在他的墓碑上，不要题写官名，只写上"诗人王今远之墓"就可以了。享年五十四岁。王今远对父母很孝顺，当初出任垣曲县知县的时候，就想把父母接到任所，王庭兰怕干扰他的政务，多有不便，便没有去。后来王庭兰逝世在家中，今远十分抱憾，认为自己没有尽到恩养的义务。王今远去世的前一天，还曾经写过"负米心违终有恨"的诗句表达了这样的心情。王今远与两个弟弟王今通、王今遥的关系十分要好，"爱两弟恰恰，竟日风雨联床"。当时人形容他们就像苏东坡和他的弟弟苏辙一样。王今远一生好交朋友，当时很多知名人士与他都有交往，如著名的诗人汪师韩等，他们以文字相知，书信往来，他的朋友中也有一些达官贵人、中枢要员，但今远与他们的交往中，从来不涉及个人利益或前途等类的议题。他的诗作后来结集，被称为《吹映音》若干卷。

王今远一生以"清白"二字为座右铭，时刻以此来警醒自己，他的书房即命名为"清白堂"，因此他的著作集也称为《清白堂文集》。

咸丰年间的曲周进士刘自立写过一首悼念王今远的诗：

平恩百里几诗人，落落丰碑滏水滨。

五十年中藏稿富，三千石罢一官贫。

三长幸藉金针度，七宝矜传玉斧新。

白雪阳春终有和，休疑明月是前身。


数百年来，王氏家族之所以声名远扬，历久不衰，除了特定因素外，与其先祖制定的家训族规息息相关。时至今日，王氏家族书香氤氲、人文厚重的门风早已辐射影响整个曲周大地，闪烁着熠熠光辉，生生不息，并继承发展。

张占鳌

忠孝同源行正道
家国一理护乡梓

家风是融化在血液中的气质、沉淀在骨髓里的品格，更是立世做人的风范。

名闻远近的"增福祖地、美丽乡村"——曲周县相公庄村张氏族人自古以来就秉持着"家国一理、忠孝同源，艰苦朴素、敬重门风"的家风家训，遵守"修身齐家治国平天下""达则兼济天下，穷则独善其身"的传统教训，化育传心，省身明志，薪火相传，生生不息。数百年来，张氏积极参与本乡本土社会的建设，成为道德秩序的捍卫者，清朝后期的张占鳌就是这个家族的杰出代表。

张占鳌（生卒不详），字魁元，从九品。自幼练习武术，尤其擅长弓箭，百发百中，是名闻当地的武师，同时精通岐黄之术，医术精湛，医德高尚，是远近闻名的医生。他常年为乡亲治病疗伤，晚年时还肩背药箱，手持棍杖，从无怨言，遇到贫穷人家还时常免费接诊，无论白天黑夜、距离远近，从不要求对方接送。还撰写了很多亲身体验的疑难杂症验方。由此可以看出张占鳌对医术刻苦钻研的求索精神。

张占鳌眷怀家人，感情甚深，小时亲母去世，对继母十分孝顺。后继母瘫痪在床，吃喝拉撒全靠人照顾，张占鳌衣不解

重修廣平府志《卷五十一 列傳六 曲周 鄆案》

張占鰲字魁元從九品相公莊人幼習弓矢兼通岐黃少喪母事繼母孝繼母得癱疾侍湯藥八年無少懈禱神刺膺取血和藥以進疾始痊繼母日微汝至誠吾命休矣弟殿元幼教之入邑庠咸豐十一年東匪擾境擄村人數十束占鰲乘馬挽弓奪之又數日賊復至占鰲從暗中大聲疾呼曰官軍至矣賊倉皇去一鄉獲安子鴻業孫春棠春藻皆武舉人姪鴻猷武進士八十六歲無疾而終人以爲積德之報冊

清光绪《广平府志》中的张占鳌传书影

带，侍候汤药达八年时间，一点也不懈怠疲倦，"祷神刺膺取血和药以进"，在张占鳌精心照料和医治之下，继母的疾病最终得以痊愈。继母十分感动地说道："要不是你无微不至的照顾，我早就没命了！"弟弟张殿元在张占鳌的教导下，自幼就入学读书，成为一名县学庠生。兄弟之间亲密无间，文武兼修，共同勉励子孙以"好学、重德、爱国"为家传，铸造了张氏后代淡泊明志、锐意进取的良好品质。

清文宗咸丰十一年（1861），河北南部、山东西部等地发生了"旗军之变"，当年春在鲁西东昌府（今聊城）属之丘县、冠县、堂邑、莘县一带，农民以白莲教（又称八卦教）名义组成起义军，又名"丘莘教军"。丘莘教由五大旗组成：习乾兑的张白旗，习坤艮的张黄旗，习震巽的张绿旗，习离卦的张红旗，习坎卦的先张蓝旗后张黑旗。"丘"是指临清侯家庄

（靠近丘县）的教首张善继，"莘"是指莘县延家营从家。丘莘教即是以这两地白莲教而得名。冠县的七里韩村是白莲教领袖杨泰策动起义的大本营。习教的人以冠县、莘县、堂邑的为多。这些旗军到处烧杀劫掠，危及曲周县境。有一次，一支旗军从相公庄村掳掠数十名村民向东而走，张占鳌乘马挽弓把这些村民夺了回来。过了数日，旗军复至，前来报复，张占鳌十分机警，在暗中急切地大声呼喊："官军到了！"旗军听到之后，非常惊骇，仓皇逃去，因此一乡获安，相公庄村没有被旗军所蹂躏，躲过了一场灾难。

因为清朝后期，国家内忧外患，河北一带地方并不安靖，为报效家国，保卫乡梓，普遍流行文武兼修。张占鳌的儿子张鸿业、孙子张春堂，都考中了武举人；侄子张鸿猷、孙子张春藻、侄孙张春山都考中了武进士；侄子张鸿儒，县学廪生。张占鳌八十六岁时无疾而终，人们都说这是积德之报。清光绪《广平府志》等史志上有其传

张氏老宅山墙

略。张氏一门多士，人文鼎盛，盛况空前，成为远近驰名的望族。其家宅曾挂有"武进士""武魁"等匾额。

张氏对文化情有独钟，有着深厚的耕读传家情结。时至今日，很多张氏后人还热衷于书法，喜爱读书，重视修身养性，重道亲师。家族中还流传着"珍爱字纸""干正事，走大道"等传统家训。

据张氏后人回忆说，当年家中存有大量的医书和善书，而无闲书，其家族门风，由此可见一斑。

岁月辗转，几度春秋。张氏的赫赫家风依然激励着张氏后人，潜移默化，润物无声，为相公庄村增光添彩。

**刘清平**

贤孝家风传世久

敢于担当为清廉

清朝末年，虽然国势日衰，外敌入侵，中华民族开始陷入半封建半殖民地社会，但作为华北平原上的一个普通县份的曲周来说，外界的风吹雨打、沧桑巨变，似乎在这里没有一丝的波澜。曲周人过着依然故我的生活，民众日出而作，日落而息，过得倒也惬意，似有世外桃源之慨。就是这个时期，曲周出现了一位叫刘清平的绅士，因受优良家风的影响，成就了一番大事业。

## 贤孝家风

　　刘清平，字章甫，曲周县东街人，他是清文宗咸丰辛酉科的选拔生员，其家族乃是出名的四夫人寨刘氏，八世祖就是明朝崇祯年间的工部尚书、河道总督刘荣嗣。祖辈几代为官，都以清廉能干著称。

　　刘清平小的时候，生母去世，他对继母十分孝顺，以孝顺父母而名闻远近。刘氏家教严格，人文厚重，书香氤氲，尤其注重对子弟的培养，因此刘清平很早就以文名远播。

　　清文宗咸丰末年，河北南部、山东西部等地发生了"旗军变乱"，这些旗军虽有反抗腐败清廷的初衷，但也是烧杀劫掠，危害百姓的生命财产。因为这些旗军来自山东省，因此被称为"东匪"。曲周刚好位于直隶、山东的交界处，并且县东部分地区处在山东省境之内，自然是首当其冲。一时之间，警报迭至，形势非常危急。形形色色的势力分处其中，可谓乱作一团。

时任曲周知县是云南蒙自厅人范守恒，乃是举人出身。为了应对复杂的形势，他提倡学办团练，各乡互保。刘清平奉命在乡下招募乡勇，组织团练。还没有组织完毕，咸丰十一年三月二十七日，曲周县城被旗军攻破，县城失守。旗军在曲周城内烧杀抢劫，民众死难者达千人以上，知县、典史等多名清政府官员以身殉职，留下了"有命难（南）逃"的典故。

相传，旗军攻陷曲周城时，有人说南门尚可出去，纷言"有命南逃"，结果民众纷纷向南门聚集，但人过多，而旗军则伺机大开杀戒，死人千余，被称为"同治

清光绪《广平府志》中的刘清平传书影

失城"，又称"有命难（南）逃"，时任知县的范守恒就是在南城墙被旗军杀害。

由此可见，当时曲周城内的民众可谓危如累卵，处境相当的险恶。刘清平的父母双亲及家族成员在城内，焉能不救，刘清平便想无论如何也要把亲属救出城外，乡亲们纷纷劝阻道："旗军的势力太过猖獗，你一人能有多大的力量，去到城里不但救不出亲人，反而有可能也被加害，不如先远远地躲在乡下，看看形势再说。"刘清平回答道："父母大人都在堂上，我怎么忍心独自一人远避在外？"最终孤身一人冒险闯进曲周城，与旗军斗智斗勇，最终把父母双亲及家属护送出城。不仅人没有损失，刘清平还将刘氏历代祖先的影像及刘荣嗣、刘佑等先人的著作书版全部转移到乡下，逃过了兵火之灾，使得这些文学作品一无所失。（在"文革"期间，这些历经劫难的文化珍品没能逃过十年浩劫，最终被当作"四旧"焚烧殆尽，留下了永远的遗憾。）

# 勇于任事

刘清平安顿好家事之后，就立刻投入到协助官军守御抗匪的大事上来。他举办团练，并身为团练的负责人，招募乡勇，筹集款项。旗军在曲周县城盘踞的时间不长就撤退了，但不时骚扰，一直折腾了数年之久才被平息。刘清平带领团练的乡勇，与官军齐心协力，打了一次又一次的硬仗。他虽然是一介文人，但骑马、抡刀、指挥杀敌、冲锋陷阵，都在前头，很是在行。还为官军中的统帅出谋划策，屡献巧计，可谓勇于任事的典范，从其身上可以看出祖先的风范。

曲周县城克复之后，历经兵火的古城曲周几乎成为一片废墟，衙署、学宫、书院、义仓、民宅、庙宇几乎没有一处是完整的，全境成了一片焦土。历经浩劫的曲周伤亡达数千人之多，几乎村村添新坟，路路闻哭声。

第二年，山东诸城籍的王延桂到任曲周知县后，环顾县内兵燹余生，满地疮痍，感到十分棘手，就向刘清平咨询，共商恢复大计。刘清平与赵铨（衡斋）、刘自立（静山）等县知名人士受县府的委托，全力以赴投入到恢复重建之中，真是殚精竭虑。

刘清平与赵铨同心协力、大义切磋、相互鼓舞、不畏艰苦、共济时艰，招徕因战乱而流亡他乡的人返乡，为恢复生产保障了人力，为维护社会治安，继续举办团练，巡更放哨，建立有效的防卫制度。经营了几个月的时间，终于使得一个残破的曲周县城，坚实地成为一方长城，民众的生命安全得到了保障。

衙署、学宫、学院、义仓等，也逐步得以重建，焕然一新。刘清平与赵铨同心协力，全身投入，十分辛苦，而且完全出于义务。官府鉴于事务烦琐，就动议说，应该适当地给予监工主事者一定的薪酬补贴，刘清平拒绝了，说："如果我们接受报酬，我们算落得什么人呢！"始终没有接受补贴之议，令人啧啧称赞，谓之大贤。

战乱之后，历代所修县志或被焚被劫，或失落无踪。县志又称邑乘，乃是记录一县的文献，官方便提议重修县志，刘清平与刘自立同为编辑，这是曲周历史上封建时代的最后一版县志。当时的修志局就设在刘清平的家宅之中，从事编辑、采访的都是县内的知名人士。刘自立是本县刘河北寨（原为曲周远东区，今属威县）人，咸丰进士，对刘清平由衷敬佩，甚是推重，曾作过一首《馆刘章甫第继志题赠》，其诗为：

尚书簪笏已凋零，奕世犹存旧典型。
衣钵相传垂竹素，文章有价选钱青。
一家著述光牛斗，百里贤才德聚星。
秋月春风寻凤契，卯金钗族是居停。

刘清平与他的同仁修建义仓、文昌阁、奎星楼、养济院等，全部是竭力参与，最后辛劳过度而卒，逝年五十二岁。

## 垂裕后昆

后人评价刘清平说，他之所以受人推重，是因为家学有素，也就是受祖上一脉相传的家风影响，自幼耳濡目染。加上他的性格向来崇尚节烈义气，每当发生任何事情，他都是义之所在，勇敢不辞，尤其可贵的是他具有廉洁的节操，终身如一日。

先祖刘荣嗣留下的家训是："诗书继世，忠厚传家。"刘清平经常念叨，并时刻遵守，让子孙后代世世守之。当时有位宋和翁先生，也是曲周人，曾经开玩笑地说："忠厚就是没用

211

的另一种说法罢了。"刘清平听了一笑置之。

刘清平有两个儿子，长子刘文睿，次子刘文珪；有五个孙辈，廷弼、廷佐都是知名人士。其中刘廷弼，号钦承，民国时曾任区长，在抗日战争初期为安抚地方，为国捐躯。曾孙辈中的刘孜（刘洪漠）、刘洪纲（徐康）等都是曲周籍老一辈的革命者、县内共产党员的先驱人物。

**安邦杰**

人无大欲品自正

财不外求梦亦安

一提到曲周滏阳河的大桥头，无论身居何地的曲周人都会立刻提起了精神，各种充满家乡味道的美食、小吃便浮上心头，恨不得立刻去大快朵颐，品味一番。但是，可能很多人不知道的是，曲周的大桥头，曾经也是曲周繁华经济的一个标志，这里上通磁武，下达津卫，是一个驰名远近的水陆码头、商业重镇。大桥头东为河东兴隆街，西为东关街，商业铺户数百家，连绵不绝。这里更有清末绅士安邦杰成就的商业奇迹及形成的安氏家训文化。

北铺村安氏在曲周历史上即是名门望族之一，在各个时期都涌现了杰出人物，这与安氏的家风家训有着很大的关系。

安氏先祖世居曲周镇北铺大桥头以西，书香门第，耕读传家，勤慎本分，立业报本，日子过得并不富裕。历代先人以读书为业，由于紧挨水陆码头的东桥镇和商业中心东关街，受此影响，也有行商为贾人者，代有名人。其家风的形成，清朝后期的著名绅士安邦杰是一位突出的开创者。

安邦杰（生卒不详），字隽三，幼年时家境不好。他的父亲安盛林，早年在江淮一带经商，晚年才回到故乡曲周培育子女。

215

安邦杰自幼秉性异常，不喜欢与同龄的儿童游戏玩耍，在同一代人中很是出色，特别喜欢读书，往往过目成诵，人们视之为神童。父亲安盛林性格刚正，一丝不苟，对安邦杰的要求很是严格，常常督促他不要浪费光阴，要好好读书，虽然是晚年得子，但一点也不娇惯。安邦杰也非常体恤父母的良苦用心，因此用上全部的心思来努力读书，每每感到时间的不足。真是功夫不负有心人，刚到弱冠，就被补为博士弟子员，享受在县学食饩的待遇，现代话说，就是享受到公费助学，还被列在了上舍的等级，虽然补贴的钱财并不多，但在一定程度上减轻了家庭的经济负担。虽然如此，但因为家庭贫苦，安邦杰不得不为家庭分担，他便担任了教师，教授生徒，依靠这些微薄的收入来养活年老多病的双亲。安邦杰在外担任教师的同时又惦记着家中父母亲的身体状况，在住家和书馆之间经常是披星戴月地往返，即使在寒冷的雪夜也从未间断。

安邦杰对待教学十分认真负责，往往以仁义道德教诲学生，以孝顺孝心规范约束自己的言谈举止。他教出的学生众多，多是有所成就而去。

清道光二十五年（1845），安邦杰的父母亲先后去世，当时弟弟安廷杰还是个不懂事的儿童，安邦杰兄代父职，尽心竭力抚养弟弟长大成人。有一次安廷杰生了病，作为哥哥的安邦杰衣不解带地伺候长达近半年的时间，直到弟弟病体痊愈。双亲的去世对作为孝子的安邦杰来说打击很大，悲伤得超过平常，以致人变得十分消瘦，弱不禁风，亲戚和同族都来解劝，才稍微进食。

安邦杰守孝完毕，看到家庭所欠外债甚多，生活艰难，便放弃儒生的身份，开始学习经商，不再继续参加科举博取功名。最终以乡贡进士（贡生）应选教谕的虚衔终其一生。时人评论说，安邦杰很有才干，但他的遭遇令人悲伤和同情。

安邦杰自从改行经商以后，农工商并举，艰苦创业，由于诚信经营，薄利多销，加之得益于当时曲周滏阳河水运之便利，因此获利很多，不多久就积累了可观的财富，家业逐渐富裕起来。虽然跻身在商人之中，但对读书上进的情结一如既往。他聘请名师来教育子弟，白天亲自经营商业，忙个不停，而晚上则亲自督促子弟读书上进，十多

民国《曲周县志料》中的
安邦杰传书影

年如一日，从不间断。因此子侄辈多在很小的时候就读书成名，安家的声望日渐增高，成为曲周的名门望族之一。安邦杰本人也成为曲周近代著名的士绅和儒商。

安邦杰的后人之中，长子安棠，从九品；次子安彬，太学生；三子安琳，邑庠生，鸿胪寺序班；四子安琛，贡生。孙辈之中，安炳文，岁贡生，候选训导；安炳章，郡庠生员；安梦

笔，邑廪膳生员；安梦莲，文生；安肇熙、安肇新都是典史；安肇珍，附监生，五品衔，直隶警务大学堂毕业，区官，候选县丞；安肇敏，业儒。

安邦杰之所以能够成功，与他勤俭持家、严于律己、宽厚待人、严格教育子弟有着很大的关系，尤其引人注目的是，他形成了自己的家训、家规。他说："治家总以勤慎俭为先，课子孙务以经术为本，而文艺次之。"即治理家庭要以勤慎简朴为先，让子弟学习要以经术为本，文艺次之，要干正事、大事，不浮华了事，不做表面文章。他还说："人无大欲品自正，财不外求梦亦安。"意思是，人没有过分的欲望，品格自然端正；财物不过分地奢求，尤其是不属于自己的，则夜晚做梦也很安生。这些影响深远的格言式的家风家训，在今天依然有着很大的现实意义，值得后人学习和发扬。

滏水悠悠，一脉清流，日夜不息，奔流向前。时至今日"人无大欲品自正，财不外求梦亦安"的谆谆教诲依然在滏河两岸、曲周大地上回响，震彻云霄，激励着前进的人们。

218

赵 铨

传家风读有用书

为社稷干实际事

清朝后期，封建统治腐朽没落，国家内忧外患，陷入危机四伏的状态。加之政治腐败，官场因循守旧，暮气沉沉，不思改革。但是在这样的大环境下，也有不少仁人志士，抱着爱国爱乡的思想，身体力行，力所能及，做出了一番事业。曲周县城内东街的赵铨就是这样一位仁人志士，留下的传家格言为"读有用书，干实际事"。

　　赵铨（1825—1894），字衡斋，太学生，登仕郎（从九职衔），赠武略骑尉。赵氏世代书香门第，以耕读传家，重学兴教，代有闻人，家风严谨。六世祖赵来凤，明朝嘉靖年间曾独自出资修建学宫，事闻，恩荫一子为弟子员，事载省府县志。八世祖赵愈光，万历癸酉科举人，曾作遗训十则，传流后人，工部尚书刘荣嗣为其作墓志铭。虽然祖功宗德，君子懿范，门风端正，声名显耀，但由于世道多变，传到赵铨之时，已经是家徒四壁、一贫如洗了。虽然家境贫寒，但他酷爱读书，断晨昏不为意，惟究心经史，不屑括贴文，有人劝他参加科举考试以博取功名，他说："丈夫读书，贵有用也，何必尔。"意思是大丈夫读书贵在有用，为什么一定要那样？"遂弃八股文"，不再参加科举考试，亲身力行实践之学。下帷设帐，开办私

赵铨墓碑"赵公衡斋之墓"拓片

塾，以教学为生，并且要以此作为终身的事业，坦坦荡荡做人，认认真真做事。

清文宗咸丰末年，河北南部、山东西部等地发生了"旗军变乱"，这些旗军到处烧杀劫掠，危及曲周县境。此次民变被称为"辛酉之乱"。在此次变乱之中，曲周县城被旗军攻陷，县令范守恒殉职，兵燹导致死伤千余，曲周县城的建筑被焚毁十之八九，成为一片焦土，乡间也被祸异常，"一邑荡然，百废待理"。朝廷新派的知县咨询赵铨该采取什么策略应对，以图恢复。赵铨回答是："务材训农，劝学通商，卫文所以中兴也。余不敏，请身任之。"意思是，努力生产，劝导农耕，奖励求学，便利商贸，这是以前卫文公由衰退而走向复兴的经验。我很不才，但也可以做一些事。卫文公（？—前635年）是春秋时期卫国的一位君主，公元前659至前635年在位。卫文公在位初期，减轻赋税，慎用刑罚，发展农耕；重视手工业和文化教育事业；任用有能力者为官；与中原各诸侯国结交会盟；发展军事势力，使战车从三十辆增至三百辆，并出兵灭亡邢国。

由于得到当局的充分授权和高度信任，赵铨便全身心致力于曲周县的战后恢复事宜之中。当时的人们为躲避战祸，纷纷逃亡他乡。于是，赵铨招抚流亡，让逃亡他乡的人回归曲周。为巩固治安，举办团练，相互守望支援；整修城池，疏浚护城河，在滏阳河与护城河之间，建立引河，方便贯通，以资城防，安定人心，坚固防御；重建义仓，办理平籴，以收民望；稳定物价，繁荣市场。之后，为长久之计，整顿书院、明伦堂，鼓舞士气，奖励学业。曲周的学宫（文庙）在战乱中遭到破坏，几乎成为一片瓦砾废墟，在赵铨的主持下，予以重修，把缺少的予以补充，缺漏的予以完备，浸满的地方予以整饬，在学宫的外面修建了院墙，在学宫里种植了树木。崇圣祠、敬一亭、明伦堂、射圃亭等建筑次第修举。可以说件件事情都是"殚精竭虑，百废俱举，所谓乡先生功德在民者非与"。当时山东土匪最为猖獗之时，往来流窜，不时忽至，危机四伏。赵铨身先士卒,率领团练民夫,彻夜防守,来则堵,去则侦,目不交睫达几百日之久,最终土匪不得逞其志,"乃引去",曲周的城池得以安全,"以是四乡来归者如市,孤邑几若长城"。

赵铨为人

先生讳铨字衡斋世居曲之东衔其九世祖名来凤者曾独修学宫事闻荫一子为弟子员至先生则家四壁矣然先生性嗜学断晨昏不为意惟究心经史不屑屑括帖文有勘为应试计者曰丈夫读书贵有用也何必尔遂弃时艺肆力于躬行实践之学下惟设帐若将终身焉咸丰辛酉之乱一邑荡然百度待理守令宰就诹先生以图恢复先生曰务材训农勤学通商衡文所以中兴也余不敏请身任之于是招抚流亡团练守望修城隍以固人心开引

民国《曲周县志料》中的赵铨传

谦恭,淡泊名利,不以功名自居。土匪猖獗之时,过境曲周的官军很多,可谓"军兴旁午,冠盖相望",总督、巡抚、布政、参将、游击等高官重臣都曾到达或路过曲周,这些人都知道赵铨的名字和才干,对他非常器重,他本可以此作为进身之阶,谋取个一官半职,但赵铨始终"不言功,不愿官也"。为表彰赵铨的功绩,直隶省当局赏赐"克成先志""惠周井里"两块匾额,并悬挂在门户之上。承平之后,赵铨依旧与过去一样从事教学工作,"事平则退而授经如常日""箪瓢屡空,晏如也"，依然过着泰然自在的生活。晚年，还多次牵头举办赈灾等善举。

赵铨的种种义举，也得到很多县内同仁的全力襄助，如修建学宫时，同时参与出力的还有张好贤、秦栋、刘清平等，他们都是当时曲周著名的名流和有识之士。

曲周县城西街人、光绪二十八年（1902）补行庚辛并科举人黄晨是赵铨的学生。当时黄晨还是一个童生，在赵铨的门下求学。此时赵铨已经六十多岁了，却依然是师道尊严，"象严严终日危坐无倦容，教人恳恳如不及"。"一时武夫悍卒、村夫小子耳先生名，无不肃然敬。"并把他比作陈太丘、郑高密那样的先贤，"岂相远耶"。

光绪甲午年（1894）九月十八日丑时，赵铨在家宅中无病端坐而逝，享年七十岁。赵铨生子有三：长子赵庆昌；次子赵泰昌，府学庠生；三子赵树昌。被称为"一门昌炽，家学渊渊，人以为厚德之报云"。

赵铨是清末曲周著名的士绅、贤达，影响深远。去世后，黄晨为他撰写了传略，是为《赵公衡斋传》，收录在民国《曲周县志料》中。内容为："赵铨，字衡斋，县之东街人，清太学生。笃守经义，不屑屑于科名。遭咸丰辛酉之乱，阖邑荡然。公辅令宰，创造经营，百废俱举，功成身退，依然故我，以经生终。其品诣经济，盖我曲百余年所罕见云。"

时光如风云，百年转瞬间。但"读有用书，干实际事"的优秀家风家规仍如雷贯耳，训人不浅，激励着后世人们做人为先，做事扎实，求学上进，求善尽美。

**图书在版编目(CIP)数据**

曲周历史名人家风家训／中共曲周县纪委，曲周县
监察委员会编. — 北京：中国文史出版社，2019.1
ISBN 978 - 7 - 5205 - 0933 - 6

Ⅰ.①曲… Ⅱ.①中… ②曲… Ⅲ.①家庭道德 - 曲
周县 Ⅳ.①B823.1

中国版本图书馆 CIP 数据核字(2018)第 276806 号

责任编辑：马合省　薛未未

出版发行：**中国文史出版社**

社　　址：北京市海淀区西八里庄 69 号院　邮编：100142
电　　话：010 - 81136606　81136602　81136603（发行部）
传　　真：010 - 81136655
印　　装：廊坊市海涛印刷有限公司
经　　销：全国新华书店
开　　本：720 × 1020　1/16
印　　张：14.75　　字数：120 千字
版　　次：2019 年 1 月第 1 版
印　　次：2019 年 1 月第 1 次印刷
定　　价：68.00 元